乡土民居加固修复技术与示范

周铁钢 著

U0264666

中国建筑工业出版社

图书在版编目（CIP）数据

乡土民居加固修复技术与示范/周铁钢　著. —北京：
中国建筑工业出版社，2018.1
ISBN 978-7-112-21585-0

Ⅰ. ①乡…　Ⅱ. ①周…　Ⅲ. ①农村住宅-修缮加固
Ⅳ. ①TU746.3

中国版本图书馆 CIP 数据核字（2017）第 292942 号

2015 年以来，作者响应国家精准扶贫战略号召，通过实际走访调查，提出了"农村危改仍然是贫困地区脱贫攻坚的重中之重，从过去主要采用新建模式尽快转变为加固维修模式"等系列建议，并且身体力行，率先在甘肃省定西市指导乡土民居加固维修示范 200 余户，目前该技术已经在国内较全面地推广实施，为当前精准扶贫工作做出了应有的贡献。本书共四章，内容包括绪论、乡土民居危险性鉴定、乡土民居加固维修技术与方法、西北乡土民居加固维修示范实例。

本书根据作者近年来的研究成果与工程实践编写而成，可作为乡土民居加固修复工程的培训教材与参考用书，也可供专业院校师生和相关人员参考使用。

* * *

责任编辑：王华月　范业庶
责任校对：李欣慰

乡土民居加固修复技术与示范

周铁钢　著

*

中国建筑工业出版社出版、发行（北京海淀三里河路 9 号）
各地新华书店、建筑书店经销
北京嘉泰利德公司制版
北京君升印刷有限公司印刷

*

开本：787×1092 毫米　1/16　印张：7¾　字数：187 千字
2017 年 12 月第一版　2017 年 12 月第一次印刷
定价：32.00 元
ISBN 978-7-112-21585-0
（31229）

前　言

我国各地丰富多样的乡土民居，生动地反映了人与自然和谐共生的关系，它是各族人民生存智慧、建造技艺、社会伦理和审美意识等文明成果最丰富、最集中的载体，是中华民族生生不息的见证。

但同时，由于采用本土自然材料建造，乡土民居容易遭受环境侵蚀与偶然灾害（如地震、洪灾、风灾等）损毁。住房和城乡建设部 2011 年统计，全国农村危房率（包括局部危险与整体危房）高达 20% 以上，其中大多数为乡土民居。另外，随着农村群众对美好生活的向往，部分乡土民居的空间布局、使用功能、宜居性能与现代生产生活的需求不相适应，这也是乡土民居常常被拆毁、废弃的主要原因。能保留下来的乡土民居，有相当程度是由于农户经济条件不好、没有能力自我更新的缘故。有人说"贫困保护了传统民居"，不是没有道理，大量的贫困人口居住在这些老旧的乡土民居中是客观事实。

"十九大"报告明确指出，让贫困人口和贫困地区同全国一道进入全面小康社会是我们党的庄严承诺，这句话充分表明了我们党对彻底消除贫困的意志和决心。保障贫困农户住房安全作为中央确定的脱贫攻坚"两不愁、三保障"目标之一，任务十分艰巨。一是在贫困地区，虽然这几年国家通过农村危房改造工程推倒重建了一大批，但还是有数百万户危旧乡土民居尚未改造，存在安全隐患；二是既要解决这些贫困户的住房安全问题，又不能给贫困户带来经济负担，更不能因建房返贫，这既是政治任务，又是棘手的技术难题；三是如上所述，乡土民居蕴含着丰富的中华文明基因，有为当代可持续发展提供借鉴的原生态技术，从这个意义上讲，能保留下来应尽量保留，而不是全部拆毁重建。

对危旧乡土民居进行加固维修，是解决上述难题比较好的策略与方法。作者正是基于以上背景、目的，通过广泛调查研究，对各地乡土民居的结构类型、安全现状、危险性鉴定等方面进行了阐述，并结合近期的工程实践，重点介绍了一些简单有效的加固维修方法与技术措施。这些加固方法有些来源于民间智慧，作者按照现代工程概念对其进行了总结与改良，有些来源于当代城镇建筑的加固维修技术或标准，作者按照农村实际对其进行了适宜性的简化，也可以称"矮化"，以尽可能使其具有可操作性，尽可能地在保障安全的前提下降低工程造价，不给农户增加过多经济负担。

本书在编写过程中，得到了国家住房和城乡建设部村镇建设司、陕西省住房和城乡建设厅的大力支持，国家"十二五"科技支撑计划课题（传统村落结构安全性能提升关键技术研究与示范，编号 2014BAL06B03）、陕西省重点科技创新团队计划（编号 2014KCT-31）对本书的出版提供了资助，作者在此一并表示由衷的感谢！

目　录

第1章　绪论 ……………………………………………………………………… 1

1.1　乡土建筑概述 ………………………………………………………………… 1

1.2　乡土民居存在的问题 ………………………………………………………… 3

　　1.2.1　地震等自然灾害的威胁 ……………………………………………… 3

　　1.2.2　人为灾害造成的破坏 ………………………………………………… 6

　　1.2.3　环境侵蚀造成的损毁 ………………………………………………… 8

　　1.2.4　建筑功能与现代生活不相适应 ……………………………………… 12

1.3　乡土民居加固改造的迫切性 ………………………………………………… 12

　　1.3.1　使用年限已到急需大修 ……………………………………………… 12

　　1.3.2　抗震防灾的需要 ……………………………………………………… 13

　　1.3.3　扶贫攻坚的要求 ……………………………………………………… 14

　　1.3.4　乡土文化传承的需要 ………………………………………………… 15

1.4　加固维修目标与实施原则 …………………………………………………… 15

　　1.4.1　加固维修目标 ………………………………………………………… 15

　　1.4.2　加固维修实施原则 …………………………………………………… 16

　　1.4.3　加固维修工程程序 …………………………………………………… 16

第2章　乡土民居危险性鉴定 …………………………………………………… 18

2.1　背景 …………………………………………………………………………… 18

2.2　乡土民居的主要结构形式 …………………………………………………… 19

2.3　鉴定方法与程序 ……………………………………………………………… 24

2.4　土木结构民居危险性鉴定 …………………………………………………… 25

2.5　砖木结构民居危险性鉴定 …………………………………………………… 27

2.6　砖土混杂结构民居危险性鉴定 ……………………………………………… 28

2.7　木结构民居危险性鉴定 ……………………………………………………… 29

2.8　砖混结构民居危险性鉴定 …………………………………………………… 30

2.9　窑洞民居危险性鉴定 ………………………………………………………… 31

第3章　乡土民居加固维修技术与方法 ………………………………………… 34

3.1　基本要求 ……………………………………………………………………… 34

　　3.1.1　不同危险等级与处理要求 …………………………………………… 34

　　3.1.2　加固维修的基本方法 ………………………………………………… 34

　　3.1.3　材料要求 ……………………………………………………………… 35

　　3.1.4　人员培训要求 ………………………………………………………… 35

3.2　地基基础加固 ………………………………………………………………… 35

　　3.2.1　常见问题 ……………………………………………………………… 35

3.2.2　地基挤密加固 ·· 36

3.2.3　地基注浆加固 ·· 36

3.2.4　扩大基底面积 ·· 37

3.2.5　局部托换 ·· 38

3.3　房屋整体性加固 ·· 39

3.3.1　常见问题 ·· 39

3.3.2　配筋砂浆带整体加固 ·· 39

3.3.3　型钢整体加固 ·· 40

3.3.4　拉杆(索)加固 ·· 42

3.3.5　墙揽加固 ·· 44

3.3.6　硬山搁檩加固 ·· 45

3.4　砖石墙体加固 ·· 47

3.4.1　常见问题 ·· 47

3.4.2　砂浆面层加固 ·· 47

3.4.3　配筋砂浆带加固 ·· 48

3.4.4　重砌或增设墙体加固 ·· 50

3.4.5　增设扶壁柱加固 ·· 50

3.4.6　墙体裂缝修复 ·· 51

3.5　生土墙体加固 ·· 52

3.5.1　常见问题 ·· 52

3.5.2　砂浆面层加固 ·· 52

3.5.3　配筋砂浆带加固 ·· 54

3.5.4　重砌或增设墙体加固 ·· 55

3.5.5　木龙骨加固 ·· 55

3.5.6　内支撑加固 ·· 56

3.5.7　增设扶壁柱加固 ·· 59

3.5.8　墙体裂缝修复 ·· 60

3.6　木结构与构件加固 ·· 62

3.6.1　常见问题 ·· 62

3.6.2　木构件裂缝嵌补修复 ·· 62

3.6.3　木构件节点加固 ·· 63

3.6.4　柱根墩接加固 ·· 64

3.6.5　砌墙加固 ·· 65

3.6.6　其他方法 ·· 65

3.7　危窑加固 ·· 67

3.7.1　常见问题 ·· 67

3.7.2　土窑洞拱券加固 ·································· 67

3.7.3　砖石窑洞拱券加固 ······························ 68

3.7.4　窑腿加固 ··· 71

3.7.5　窑脸加固 ··· 73

3.8　施工安全与施工机具 ································· 74

3.8.1　施工安全要求 ····································· 74

3.8.2　常用加固施工机具 ······························· 75

第4章　西北乡土民居加固维修示范实例 ················· 76

4.1　案例-1 砖木结构 ···································· 76

4.1.1　房屋安全性鉴定 ··································· 77

4.1.2　房屋加固方案 ····································· 77

4.1.3　房屋加固维修材料清单 ····························· 80

4.1.4　房屋加固中与加固后效果 ··························· 80

4.2　案例-2 砖木结构 ···································· 81

4.2.1　房屋安全性鉴定 ··································· 82

4.2.2　房屋加固方案 ····································· 83

4.2.3　房屋加固维修材料清单 ····························· 85

4.2.4　房屋加固中与加固后效果 ··························· 86

4.3　案例-3 土木结构 ···································· 87

4.3.1　房屋安全性鉴定 ··································· 87

4.3.2　房屋加固维修方案 ································· 88

4.3.3　房屋加固维修材料清单 ····························· 90

4.3.4　房屋加固中与加固后效果 ··························· 90

4.4　案例-4 土木结构 ···································· 91

4.4.1　房屋安全性鉴定 ··································· 92

4.4.2　房屋加固维修方案 ································· 93

4.4.3　房屋加固维修材料清单 ····························· 94

4.4.4　房屋加固中与加固后效果 ··························· 95

4.5　案例-5 土木结构 ···································· 96

4.5.1　房屋安全性鉴定 ··································· 97

4.5.2　房屋加固方案 ····································· 97

4.5.3　房屋加固维修材料预算 ····························· 100

4.6　案例-6 靠山式接口窑 ······························· 101

4.7　案例-7 独立式砖窑 ·································· 102

4.8　案例-8 独立式石窑 ·································· 104

4.9　案例-9 砖土混杂结构 ································ 105

4.9.1　房屋安全性鉴定 ………………………………………… 106

4.9.2　房屋三维测绘图 ………………………………………… 108

4.9.3　房屋具体加固措施 ………………………………………… 108

4.9.4　房屋加固示意图 ………………………………………… 110

4.9.5　施工组织与材料工程量 ………………………………… 113

4.9.6　房屋加固中与加固后效果 ……………………………… 116

第1章 绪 论

1.1 乡土建筑概述

"乡土",查《现代汉语字典》,是"本乡本土"的意思。"乡土建筑",简单讲,就是土生土长的建筑,也可以称其为"本土建筑"、"自发建筑"、"民间建筑"。

国际古迹遗址理事会第 12 届大会通过的《乡土建筑遗产宪章》(Charter on the built vernacular heritage)给出了乡土建筑的识别标准:一个群体共享的建筑方式;一种和环境相呼应的可识别的地方或地区特色;风格、形式与外观的连贯性,或者对传统建筑类型的使用之间的统一;通过非正式途径传承的设计与建造传统工艺;因地制宜,对功能和社会的限制所做出的有效反应;对传统建造系统与工艺的有效应用。

保罗·奥利佛(Paul oliver)在《世界乡土建筑百科全书》一书中将乡土建筑(Vernacular Architecture)的特征归结为:①本土的(indigenous);②没有建筑师的建筑(anonymous);③自然形成的(spontaneous);④民间而非官方的(folk);⑤传统的(traditional);⑥乡村的(rural)。

"本土的"就是家乡的、当地的,而非异域的。指明了乡土建筑的地域特征,它一定适合本地土壤,但不一定适合他乡土壤,一定适合本地气候条件,但不一定合适他乡气候条件。它就地取材,用的是本土材料,而非异乡材料。通常乡土建筑使用的自然材料有六大类:土、木、砖、石、竹、草,这些本土自然材料的运用,使适应气候的乡土建筑具有强烈的地域特征,从而区别于其他地区。

"没有建筑师的建筑"说明了乡土建筑的实践特性,它不符合现代建筑体系与标准范式,不符合先设计后施工的现代建造程序,不墨守成规。建筑的使用者自身就是设计师,也是建造师。由于是自己设计、自己建造、自己使用,按照自己的需要和建筑的内在规律,因地因材建造房子,可以自由发挥建造者的最大智慧。每一次建造就是一次实践的过程,每一次实践除了传承可能还有微小的改进,不断的改进累积逐渐形成了优秀的传统技艺。除主体结构外,在建筑装饰方面,农户常常把自己的心愿、信仰和审美观念,把自己最希望、最喜爱的东西,用现实的或象征的手法,反映到建筑的装饰、色彩和样式中去。

"自然形成的"说明不是刻意的,不是被突然植入的,是经过千百年来不断演化、不断淘汰、不断更新的结果,并且在不断的实践与演进中,形成了很多营造智慧与经验,如选址经验、本土材料的选择经验,适应气候环境的经验、抵御自然灾害的经验等。自然形成的才能丰富多彩,才能百花争艳。自然形成的也说明一切是有原因的,乡土建筑既然是对特定自然环境的应对,它不一定是最优的、最舒适的,但肯定是最合理的。

"民间而非官方的"说明乡土建筑在功能上与民间居住生活密切相关，在建筑形式上不拘约束，灵活多样，不同于官式建筑过于注重礼制或彰显至高无上的权威，在建筑规模上也不需要官式建筑高大雄伟的体量与超乎凡俗的气势，而是体量较小，但是数量极多，分布极广。

"传统的"相对面是"现代的"，乡土建筑有别于现代建筑科技、现代建造材料、现代建筑功能与建筑风格。"传统的"说明是世代相传的，而且传承的不只是建筑技艺，还有生生不息的本土文化。

"乡村的"是说乡土建筑主要存在于乡村，供远离城镇的乡村人口生活使用，不一定适合城镇人口的使用功能需求。

按以上特征分析，我国的传统民居基本上都属于乡土建筑，因此也可以称传统民居为"乡土民居"。我国各地丰富多样的乡土民居，生动地反映了人与自然和谐共生的关系，它是各族人民的生存智慧、建造技艺、社会伦理和审美意识等文明成果最丰富、最集中的载体，蕴含着中华文明的基因，是中华民族智慧的结晶，是中华民族生生不息的见证。

国内对乡土民居的调研工作始于 20 世纪 30 年代，以营造学社梁思成、刘敦桢、刘致平等学者为主的古建调查，至今已经持续了 80 年有余。1989 年起，在叶同宽的支持下，清华大学陈志华先生、楼庆西先生和李秋香等带领学生展开了以古乡土民居为对象的大范围调查，遍及八个省的约七十个村落。调查结束后，形成了一系列以著作、测绘、摄影、专题报告为主的调研成果，引起学界乃至世界的普遍关注。为摸清我国传统村落与传统民居基数，加强传统村落与传统民居的保护和改善，2012 年 4 月住房城乡建设部、文化部、财政部联合发布关于加强传统村落保护发展工作的指导意见，并经专家委员会评审认定，公布了第一批中国传统村落名单，全国 28 个省共 646 个传统村落入选该名单。2013 年，三部委又启动了传统村落补充调查和推荐上报工作，各地共补充调查了 5000 多个村落，并择优向三部委进行了推荐。经各地调查初筛、专家委员会评审、公示，最终确定了 915 个村落列入第二批中国传统村落名录。2014 年又有 994 个村落列入第三批中国传统村落名录，以上三批共计 2555 个中国传统村落。

作为传统村落的主要物质形态与传统文化载体，各地乡土民居受到了越来越多的关注。2013 年 12 月，住房城乡建设部启动了中国传统民居调查工作，在《关于开展传统民居建造技术初步调查的通知》中指出，传统民居为具有地域或民族特征的传统居住建筑，基本特征为：与环境协调、具有地域或民族特色；在传统生产、生活背景下建造，并传承至今；采用地方材料与传统工艺、由工匠和百姓自行建造；用于百姓家庭或家族居住；包括民宅、祠堂、家庙、鼓楼、风雨桥等，而(官)府邸、府衙、寺观、文庙、城隍庙等"涉官"建筑不在调研范围之内。可以看出，以上调查的对象其实就是乡土民居。在住房城乡建设部组织下，本次调查覆盖 31 个省、自治区、直辖市及港澳地区，历时 9 个月完成，根据调查结果梳理出 599 种传统民居类型，并编纂了《中国传统民居类型全集》。仔细分析就能发现，这 599 种传统民居全部符合乡土建筑的基本特征。

当然，中国地域辽阔，各地自然资源、气候条件差异较大，加之在不同历史时期社会经济发展的不均衡，各地现存乡土民居类型众多，建造技术水平参差不齐，即使是同一类型的不同建筑，其建筑性能与保护价值也可能差异很大。历史、科学、艺术、社会、文化价值达到很高层级的乡土民居，将可能被列为各级文物保护单位予以挂牌保护，其次还有挂牌保护的历史建筑，或是位于历史文化名城、历史文化街区、历史文化名镇名村里的优秀乡土民居。这些受保护的建筑只占现存乡土民居的极少部分，而大量未达到保护层级的乡土民居遍布国内的乡野沟壑、田间地头，而且正在被广大农村群众使用。本书研究的正是这一类普普通通的、遮风避雨型的、最接地气的乡土民居。

1.2 乡土民居存在的问题

当前，在中国社会转型与发展时期，保护传统聚落与乡土民居，提升乡土民居的使用功能与安全耐久性能，已经成为国家与社会各界普遍关注的问题。根据近年来国家各部委联合开展的全国传统村落调查情况，乡土民居大多存在以下几方面问题的困扰：地震等自然灾害的威胁；人为灾害造成的破坏；环境侵蚀造成的损毁；建筑功能与当下使用需求的不相适应；传统营建技艺逐渐消失，缺乏行之有效的保护与改造技术，等等。

1.2.1 地震等自然灾害的威胁

我国乡土民居多为土木砖石结构，容易遭受偶然自然灾害（如地震、洪灾、风灾等）的破坏。截至 2011 年年底，全国农村危房率（包括局部危险与整体危房）高达 30% 左右，其中大多数为乡土民居。由于安全性较差，近几十年来国内发生的历次较强烈度地震对乡土民居均造成严重破坏。乡土民居在历次灾害中的不佳表现，导致人们对其安全性能提出质疑，这也是乡土民居常常被拆毁、废弃的主要原因之一。乡土民居的抗震性能严重不足，源于以下几方面原因。

（1）自然材料的力学强度偏低

受地质、气候、地理等因素的影响，各地可用于建房的自然材料不尽相同，如西部地区乡土民居常用的自然材料有六大类：土、木、砖、石、竹、草。这些自然材料优点很多，其不足之处在于材料强度较低。一是抗拉强度低，构件容易开裂；二是抗压强度低，地震时构件容易受压破碎；三是粘结强度低，构件之间往往缺乏有效连接。以生土建筑为例，生土墙体的力学性质主要受生土颗粒大小、化学物理成分、压制（或夯筑）能量、墙体施工工艺等的影响。如一般农户自己制作的土坯块体平均抗压强度不超过 1.0MPa，远低于烧结砖的强度，与混凝土材料相比更是相去甚远。因此，从现代技术的角度看，对自然材料不加改良或性能提升，房屋的安全性能与耐久性能不可能得到本质提高。

2014 年 8 月云南鲁甸地震发生后，作者对云南昭通市鲁甸县、曲靖市会泽县等灾区的乡土民居进行了调查。调查发现，由于地处乌蒙山集中连片困难地区，交通不便，经济条件相对落后，建房材料严重缺乏，当地绝大多数民居为简易土木结构，主要承重墙体基本上是采用山坡上收集到的表土（厚度在 20～30cm 左右）简单夯筑而成。这些表土含大量有机杂质，以此夯筑的土墙力学性能极差，大部分在建成使用不久就严重开裂，或在震前已属危房。如图 1-1 所示。

图 1-1　云南鲁甸夯土民居

（2）施工粗糙，技术工艺相对落后

在世世代代与生存环境的不断适应中，各地积累了很多传统建造工艺与技术经验。许多遗留下来至今已有百年历史的民居建筑，说明很多传统营造方法是合理的、可行的，是经得起大自然考验的。但是随着时代变迁，地域性建筑特色与传统工艺正在逐渐消亡。表现在：一是农村对城镇建筑的拙劣模仿，别人的没有学到位，自己好的传统技术却丢失了；二是掌握传统建造工艺的工匠严重缺乏，工匠师傅在农村民居建造中扮演着举足轻重的角色，建房户的户型布局建议、材料选择、结构形式、施工技术与质量把关基本上来源于工匠师傅，工匠师傅的技艺水平与敬业程度是影响民居建造质量的最大因素。目前西部各地农村工匠人员素质参差不齐，水平较好的大多远足他乡或在城市谋生，活跃在农村建筑市场的还是那些"放下镰刀，拿起瓦刀"的"游击队"，加之培训机制尚不健全，工匠整体水平低下，数量严重不足，与当前民居建设的快速增长不相适应。

以有些地方的夯土建筑为例，施工方面存在的不足包括：地基基础做不到位，造成房屋不均匀沉降。在墙体的夯筑过程中，一是夯土墙土料含水率控制不严格，水分偏少则会造成夯土墙体夯不实，水分偏大则会造成墙体夯筑过后干缩裂缝较多；二是夯筑工具简陋，夯击能量不足，造成夯土墙体的密实度较差；三是夯筑的工序混乱，没有合理的施工组织，造成夯筑的墙体松散，连接性能差；四是一味追求施工速度，墙体水分还未来得及蒸发，墙体的抗压强度还没有达到承载上部荷载的能力，就急于夯筑上一皮墙体，从而造成集中荷载作用部位处出现局部压坏和竖向裂缝的情况。除此之外，夯土墙体缺少必要的养护，很多墙体在夯筑完成后直接暴晒，很快出现较严重的干缩裂缝，如果未采取补救措施，墙体不仅外观较差，其抗震性能也受到影响。如图 1-2、图 1-3 所示。

在西北地区调查发现，很多乡土民居的承重墙体材料混用，如土、砖混用，土、石混用，土、砌块混用，土坯与夯土混用等，材料选用随意，施工粗糙，这些房屋建成后即成危房。如图 1-4、图 1-5 所示。

在西北，土坯墙体在乡土民居中的使用要比夯土墙体还要多。土坯墙体往往立砌，主要是施工快，且节省草泥。砌筑完成后需要在墙面做草泥抹面，由于防水较差，草泥抹面需要2~3 年修复一次，但经常农户不再修复，致使墙体表面很快剥落。如图 1-6 所示。

图 1-2　夯土墙之间无连接

图 1-3　夯土墙的竖向通缝

图 1-4　土、砖混用承重墙体

图 1-5　土、石混用承重墙体

图 1-6　土坯墙体抹面剥落

（底部为夯土墙，上部为土坯墙）

（3）缺乏有效的抗震构造措施，抵御地震灾害的能力严重不足

由于以前农村地区社会经济发展水平较低，群众防灾减灾意识淡薄，缺乏必要的防震知识，国家又未将农村建房纳入建设管理，所以大量传统生土民居基本没有任何抗震构造措施。比如，很多乡土民居在墙体中未设置木柱和圈梁，纵横墙体之间连接较弱或者根本没有

连接，整体性较差，地震时相互之间不能协同工作。从传统夯土农房的建造工艺看，墙体分段分层夯筑，没有采取必要的水平和竖向的拉结措施，造成夯土墙体拉结不足，整体性差，墙片在地震作用下容易外闪、滑移，严重时造成整个墙体倒塌。图 1-7 为鲁甸地震中夯土民居的破坏情况。

图 1-7　夯土民居破坏情况(墙内未设构造柱)

乡土民居一般采用坡屋顶与"硬山搁檩"的支承方式，屋面纵向檩条直接搁置在山墙上，由于没有任何构造措施，檩条将荷载直接传递至土墙上，檩条下部墙体应力集中或者发生局部受压破坏，墙体形成较大竖向裂缝(图 1-8)。另外，屋面与墙体之间的连接也较差，或者支承长度不够，檩条、屋架由于约束不牢靠，地震时可能发生转动、滑移，严重时坠落伤人。

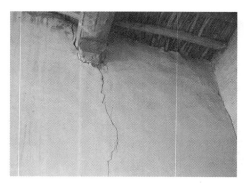

图 1-8　墙体局部受压承载力不足

1.2.2　人为灾害造成的破坏

火灾是威胁乡土民居最为严重的人为灾害。如云贵地区是我国古村落、传统村落存量最为丰富的地区，这里的乡土民居以木结构为主，由于木质材料耐火性能较差，加之村落内部建筑密集，消防通道不畅，消防设施缺乏，农户生产生活用火、用电不规范等原因，形成了大量火灾隐患。据统计，2000~2010 年间，仅贵州省就发生农村民居火灾 4684 起，死亡 694 人，受伤 442 人，直接财产损失 1.7 亿元，烧毁建筑约 200 万 m²，受灾 1.6 万户。其中，起火户数为 30~49 户的火灾 55 起，烧毁建筑 14.9 万 m²，受灾 1271 户；50 户以上的火灾 24 起，烧毁建筑 35.9 万 m²，受灾 2577 户。可见，木结构乡土民居火灾形势十分严峻，火灾造成的人员伤亡与财产损失甚至超过地震灾害。

图 1-9 为 2014 年 7 月贵州黎平县永从乡宰坑侗寨火灾起火点灾后图。

图 1-9　2014 年 7 月贵州黎平县永从乡宰坑侗寨火灾

火灾在云贵地区村寨、山寨频繁发生有以下几个方面的原因：

（1）民居建筑布局不合理。广大农村没有纳入城乡总体规划，更没有消防专项规划。民居建筑密集，消防安全通道不通畅，消防供水、通信等设施缺乏，民居整体抗灾水平较低。

（2）防火间距严重不够。云贵地区少数民族大多聚集而居，大多数村落、山寨修建时间达上百年，几十户、几百户、上千户民居集中连片，防火间距严重不足，火灾发展蔓延迅速。

（3）木结构民居耐火等级低。由于自然和历史原因，少数民族地区乡土民居木结构占90%以上，少部分虽是砖瓦房、土坯房，但屋顶大部分用木材、树皮、油毛毡等可燃材料搭建，建筑耐火多为三、四级，有的甚至四级都达不到，一旦发生火灾，燃烧迅速，20~30s 即可烧穿屋顶，极易造成民居坍塌和人员难以逃生。

（4）消防基础设施严重缺乏。由于公共消防设施主要集中在城市，广大农村消防投入严重不足，乡（镇）、村寨消防规划滞后，消防基础设施欠账严重，村寨消防水源缺乏，消防器材设施配置不到位，消防通信无法满足火灾报警需要。

（5）用火方式原始落后。如苗族、侗族居民常采用老虎灶、烧吊锅做饭，用焙笼、火桶、火盆烘烤食物、取暖，在房屋附近烧垃圾，用后随意放火柴打火机，乱扔烟头，倒灰渣、驱蚊、烧荒、上坟祭祖无防火措施，小孩玩火、燃放烟花爆竹无人监管，等等。

（6）生产生活用电不够规范。一是民居的进户电线、户内导线没穿管敷设，加之年久老化，电线绝缘破损严重。二是农民安全用电常识缺乏，电器开关直接安装在可燃建筑构件上，用铜丝、铁丝代替熔断器，电线乱拉乱接或直接敷设在木柱（梁、板）上等现象普遍。三是随着农村经济的发展和家电下乡的普及，电气设备增多，电线、设备超负荷的状况时有发生。四是农村电网运行不够安全，停电时家用电器未关闭，复电后长时间通电无人看守引发火灾。

（7）火灾科学常识普及率低。部分村民还在一定程度上受封建思想、落后民俗的束缚，认为火灾是"神火"、"天火"，遇上火灾烧香拜佛、听天由命，不积极预防和扑救；有的村民还请巫师"求神"、"送鬼"、"叫魂"、"扫寨"；有的村民在家中设焚香炉，常年香火不断，春节、清明节、婚丧嫁娶等烧香、焚纸现象普遍，这也是火灾发生的原因之一。

（8）灭火救灾能力不强。一是消防队路远，且消防水源不足、消防车停靠困难。二是专职消防队技能不足。近年来，部分乡镇建了专职消防队伍，不仅人员数量少，而且缺乏培训和演练。

1.2.3　环境侵蚀造成的损毁

除偶然发生的自然灾害外，乡土民居在漫长的历史年代中，受环境介质缓慢侵蚀，材料性能劣化，承重墙体开裂，墙根碱蚀，地基下沉，屋面漏雨渗水，木构件腐烂。北方窑居建筑由于年久失修，病害严重，经常出现塌陷危险。

（1）墙体碱蚀

如乡土民居的墙体根部经常出现"碱蚀"现象，如墙根部位出现粉状白沫、起皮、溃烂、甚至剥落，一般年代越久的房子越严重。这种灾害产生的原因有二：一是当地土壤或水质含碱量（硫酸盐）较高；二是墙体根部防水防潮措施没有做好。当墙根受潮或受水侵蚀后，土体中的硫酸盐会在墙根表面结晶并产生膨胀，导致土墙表面粉化、溃烂甚至剥落，遇水冲刷后，墙根厚度变得越来越薄，墙体承载力与稳定性受到极大削弱。砖墙也会出现"碱蚀"现象，如图 1-10 所示。

图 1-10　生土墙根碱蚀

（2）雨水侵蚀

传统乡土民居的墙体在砌筑时很少使用水泥等现代胶结材料，一旦雨水侵蚀，砖缝之间的灰浆就会软化、流失，风雨交加形成风驱雨时，雨滴具有的能量对墙面造成冲击，墙面可能出现明显的雨滴溅蚀特征。毛石、片毛石等石料砌筑的墙面或窑洞拱券也容易在雨水侵蚀下产生风化。土墙表面吸水时，主要由于材料软化丧失强度或吸水膨胀产生剥裂。很多乡土民居由于长时间无人居住，无人打理，雨水侵蚀导致的潮湿环境还会滋生霉菌，加速民居房屋的老化。各类材料表面的雨水侵蚀如图 1-11 所示。

图 1-11　墙面雨水侵蚀与破坏
(a)砖墙表面；(b)石窑顶部；(c)土墙表面；(d)墙面滋生霉菌

（3）木材腐朽

乡土民居中大量木质构件腐朽严重，木材腐朽为真菌侵害所致。真菌分霉菌、变色菌和腐朽菌三种，前两种真菌对木材质量影响较小，但腐朽菌影响很大。真菌在木材中生存和繁殖必须具备三个条件，即适当的水分、足够的空气和适宜的温度。因此，民居中，容易腐朽的木构件一是最靠近屋面的檩椽，二是最接近地面的木柱柱根。传统乡土民居一般不做防水处理，当屋面瓦片残缺破损，或位置错动导致屋面长期渗水时，部分木构件尤其是木檩、椽子就会发生腐朽、白化现象，严重的出现腐烂或断裂(图 1-12、图 1-13)。没有柱基础的木柱底部，也非常容易浸水腐烂，如图 1-14 所示。

图 1-12　木构件白化、腐朽现象

图 1-13　木椽断裂

此外，木材还易受到白蚁、天牛等昆虫的蛀蚀，使木材形成很多孔眼或沟道，甚至蛀穴，破坏木质结构的完整性而使强度严重降低。

图 1-14　木柱柱根腐烂

（4）材料干缩开裂与变形

温湿度变化常常引起材料干缩变形，严重时开裂。以木材为例，木材干燥时，首先从表面蒸发水分，当表面层含水率降低至纤维饱和点以下时，表层木材开始收缩，内层木材不发生收缩或收缩较小，因而在木材中产生内应力：表层木材受拉，内层木材受压。干燥条件越剧烈，产生的内应力越大，如果表层的拉应力超过木材横纹抗拉强度，则木材组织被撕裂。其次，环境温湿度改变还会导致木材材质发生劣化，使得各梁、枋、柱构件的有效截面减小，榫卯节点变得松弛，节点刚度消弱，房屋出现歪斜变形，同时构件承载能力减低，结构应对突发状况的抵御能力降低。一般建造时间在 20 年以上的南方穿斗式民居，大多会发生一定程度歪斜现象，严重的如图 1-15 所示。

图 1-15　西南地区穿斗木结构民居歪斜

干缩导致土墙严重开裂的情形也司空见惯。干燥过程中由于水分的逃逸，土体中出现空腔和裂隙，土体体积缩小，裂隙不断发展形成裂缝。一般土墙在夯筑时的含水率越高，土质黏性越好，干燥速度越快，后期土墙的干缩开展越充分，裂缝宽度越大。图 1-16 为福建南靖土楼墙面的干缩裂缝。

（5）动植物侵蚀

白蚁对南方木结构、砖木结构民居的破坏也很常见。由于其隐藏在木结构内部，破坏或

图 1-16　福建南靖土楼墙面干缩裂缝

损坏其承重部位，往往发现时为时已晚，严重时可导致木结构房屋突然倒塌。如图 1-17 所示。

图 1-17　木材遭受白蚁破坏

在北方地区，生土墙体的蜂窝、鼠洞都房屋安全也能造成一定程度的危害。当房屋长时间无人照顾时，墙体与屋面生长的植物，对房屋结构也会造成很大危害。如图 1-8、图 1-19 所示。

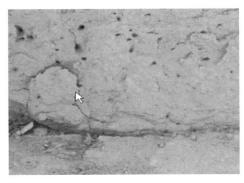

图 1-18　土墙遭受虫蛀破坏

图 1-19　植物生长造成的破坏

1.2.4　建筑功能与现代生活不相适应

除了安全与耐久性差之外，乡土民居普遍缺少公共设施，自然通风与采光不足，室内潮湿阴暗，居住功能低下，建筑布局、使用面积等已经不能很好地适应现代生活需要，这也是乡土民居常常被推倒重建的主要原因。

具体表现为：

（1）室内环境条件较差，基础设施落后。很多乡土民居室内厨房、卫生间、生活用水、采暖等都缺乏现代化的设施，造成居民使用的不便。有些居民做饭和冬季采暖还使用传统的炉灶，燃料使用木柴、炭或蜂窝煤，容易发生事故且不环保。有些家庭的卫生间还使用院内简易的旱厕，与现代生活方式的差距较大。

（2）空间布置不合理。表现在：没有客厅或客厅空间狭小或是厅内开门较多，连接前院和后院以及进入卧室，交通功能较强，厅内停留感不强。卧室空间较大，但长宽往往不协调，空间感受不好，家具布置不够经济，房间私密性一般较差。当为木结构时，隔振隔声都不是很好。两层民居，很多时候楼梯设在室外，下雨或天气寒冷时候使用非常不方便。

（3）室内采光通风不畅。乡土民居的层高一般较低，窗洞尺寸过小，有些按照风水要求或是为了防盗，后墙一般不开窗户，有些是虽有窗户，但窗框变形不易开启，造成室内光照较弱，通风不畅，室内有害空气成分及污染物散发的化学物质难以排除。

1.3　乡土民居加固改造的迫切性

1.3.1　使用年限已到急需大修

2010~2011 年住房和城乡建设部曾组织国内多家单位，针对我国各地区农村住房现状，进行了新中国成立以来规模最大的系统调查。调查涉及全国 28 个省份、104 个县、234 个行政村，覆盖 10.7 万农户，约占全国农户总数的 0.5‰。其中，各地区农村危房现状与抗震防灾性能评估为本次调查的重点内容。作者带领西安建筑科技大学课题团队参与了本次调查过程。经过近 2 年的调查，最终获取有效样本为 28 省份 104 个样本县 234 个样本村，现场调查农户及鉴定农房106998户（占总调查户的99.8%）。同时，获得各地农村危房照片资料约8.5万余张。

作者根据调研数据，对西部地区做了统计与分析，大致可以得出以下结论：

（1）西部地区农户约7400万户，住房形式以传统土木砖石类为主，结构形态上以墙体承重为主，主要包括：生土结构、砖木结构、砖混结构、木结构、砌块砌体结构、石结构及其他结构等。按照前述乡土民居的基本特征作为标准，约47%的农户居住在各种形式的乡土民居里，数量约3500万户。

（2）西部地区的乡土民居，约83%使用超过20年，约52%使用超过30年，约22%使用超过40年，约13%使用超过50年。使用超过30年的，约60%以上为传统土木结构，其次是砖木结构。

（3）按照住房城乡建设部规定的农村危房鉴定标准，农村房屋分为A级、B级、C级、D级共四个等级：A级表示基本完好，B级表示有轻微损伤，C级表示出现局部险情，需经加固后方可继续使用，D级表示出现严重破坏，需拆除重建。一般将C级、D级统称危房。按照以上规定统计，西部地区农村危房约1700万户，基本上均属于乡土民居类型，数量约占乡土民居总数的一半左右，危房中不同结构形式的占比如图1-20所示。

综上分析，西部农村地区约有一半乡土民居的使用时间超过30年，约五分之一乡土民居的使用时间超过了40年。由于材料老化、性能退化，墙体"裂、渗、漏"较多，

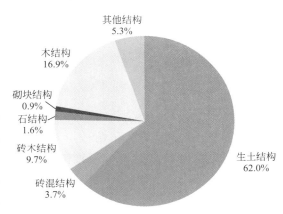

图1-20 西部农村危房中不同结构形式所占比例

或风蚀剥落、墙根碱化盐蚀严重，木构件糟朽虫蛀、屋面下沉歪斜等质量通病屡见不鲜，对房屋整体安全性造成极大危害。以我国农村土木结构民居的正常使用寿命平均约30年考虑，我国大部分乡土民居已经达到寿命期限，急需大修加固。

1.3.2 抗震防灾的需要

在2010~2011年住房和城乡建设部组织的调研工作中，各调查团队按照要求，对农村住房的抗震安全性能也进行了评价，主要方法是检查房屋是否有抗震构造措施。如砖木结构，看构造柱、圈梁、墙体拉结是否齐全，窗间墙宽度是否满足最小宽度要求等；对生土结构，看墙内是否有木构造柱，墙顶是否有木圈梁，屋架整体性如何等。由于房屋危险性评价与抗震性能评价的目标不同，两者的评价结果差异较大。如危险等级为基本完好（A级）或轻度危险（B级）的农房，其抗震构造措施设置情况仍然很差。

如图1-21所示，根据统计数据，西部地区农村A级房屋主要为近15年内建造的砖混结构房屋，没有什么乡土风格，虽然按照危险性鉴定标准评价为基本完好，但这类房屋中无任何抗震构造措施的仍然占到42%。B级房屋以砖木结构、石木结构、木结构房屋居多，也有

少量砖混结构，大部分可归为乡土民居，其中无任何抗震构造措施的占到81%。C级、D级房屋基本上均为乡土民居，建房时间一般都在二三十年以上，其中C级房屋无任何抗震构造措施的比例为92%，D级房屋无任何抗震构造措施的比例为95%。

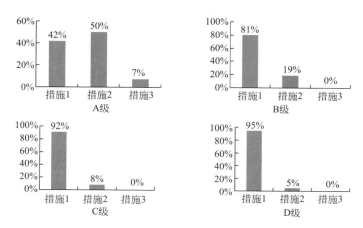

图1-21　西部农村不同危险等级民居抗震措施设置情况

注：措施1指无任何抗震构造措施；措施2指部分具备；措施3指抗震
构造措施基本齐全

通过分析还可以得出以下结论：按照国家现行抗震设防要求，西部农村乡土民居抗震构造措施齐全的占比不到2%，说明西部乡土民居总量的98%不能达到抗震设防要求。

以上严峻问题要求我们必须快速推进乡土民居的抗震加固与改造工作。21世纪以来发生的汶川地震、玉树地震、芦山地震、漳县岷县地震、鲁甸地震等，都对西部乡土民居形成严重破坏，血淋淋的事实昭示我们急需采取措施，通过加固改造提升西部乡土民居的抗震安全性能。

1.3.3　扶贫攻坚的要求

根据实现"中国梦"的"两个一百年"奋斗目标，我国将在中国共产党成立100周年时全面建成小康社会。这个目标的实现并不是唾手可得的事情，最大的硬骨头就是解决目前尚有的7000多万贫困人口脱贫，并一起进入小康社会。习总书记指出："全面建成小康社会最艰巨最繁重的任务在农村，特别是在贫困地区。""没有农村的小康，特别是没有贫困地区的小康，就没有全面建成小康社会。"

2011年发布的《中国农村扶贫开发纲要（2011~2020年）》明确指出：国家将六盘山区、秦巴山区、武陵山区、乌蒙山区、滇桂黔石漠化区、滇西边境山区、大兴安岭南麓山区、燕山—太行山区、吕梁山区、大别山区、罗霄山区等区域的连片特困地区和已明确实施特殊政策的西藏、四川藏区、新疆南疆三地州，作为扶贫攻坚主战场。中央财政专项扶贫资金新增部分主要用于以上集中连片特困地区。

针对以上贫困地区，中央制定的脱贫目标用一句话概括就是："两不愁、三保障"。即到2020年，稳定实现农村贫困人口不愁吃、不愁穿，义务教育、基本医疗和住房安全有保障。

保障贫困地区住房安全作为中央确定的脱贫攻坚"两不愁、三保障"目标之一，任务十分艰巨。一是在以上贫困地区，住房安全有问题的基本上是传统乡土民居，虽然这几年国家通过农村危房改造工程推倒重建了一大批，但还是有上千万户危旧乡土民居存在严重安全问题；二是既要解决这些贫困户的住房安全问题，也不能给贫困户带来资金负担，更不能造成因建房返贫，这既是政治任务，非解决不可，又是棘手的技术难题，不但要解决好，还要花钱少。

如何解决以上难题，在国家没有财力全部支持，只能出一部分补助资金，又不允许贫困户增加经济负担的条件下，可行的技术途径只有一条：尽可能通过对危旧乡土民居的加固维修基本解决贫困户的住房安全问题。

1.3.4　乡土文化传承的需要

美丽乡村需要乡土风情，需要乡土民居，而现在危房改造的对象很多属于乡土民居。乡土民居拆了容易，但再要恢复重建非常困难，因为当初建造这些民居时，材料、人工非常便宜，现在建造同样的乡土民居，需要的材料费、人工费要比建造砖混房屋高很多。例如现在陕北农民很少再建窑洞，因为建一孔新窑的费用比得上建三间砖房。没有了乡土民居，没有了乡土记忆，没有了归属感，满眼都是贴瓷片的水泥盒子，拿什么去传承乡土文化？拿什么去延续乡土风貌？因此这些老房子是拆一个少一个，应按照"能加固就不拆除"的原则，尽可能予以保留。

从可持续发展的角度看，我国农村住房的寿命普遍较短，平均不到30年，与西方发达国家的农村房屋相比，是巨大的资源浪费。因此，通过投入少量资金加固改造农村C级、D级危房，使其满足正常使用安全要求，使用寿命得以延续，不但是保障人民生命财产安全的需要，也是节约资源、保护环境、建设节约型社会和可持续发展的需要。

从农村建设的长远考虑，进入新世纪以来，随着我国城市化进程的不断加快，这些年农村建设事业的蓬勃发展，农村建房持续升温，富裕起来的农村人选择改善生活条件的第一件大事就是翻建新房。大部分农户住上新房后，危房是不是就没有了？肯定不是！房屋就像人体一样，受自然环境侵蚀，其性能随时间增长会逐渐退化，"毛病"会逐渐增多。正确对待这些"毛病"，定期保养、维护或者加固处理，才能不让这些"毛病"变成安全隐患。因此长久看，对既有农村住房的加固改造需求，只会越来越多，熟悉农村危房加固维修的工匠师傅，将会越来越被重视。毫无疑问，农房加固维修必将成为今后农村建设的常态化工作，因此应该尽快凝练一大批农村危房加固改造技术，培养一大批工匠，锻炼一大批队伍，为今后农村建设服务。

1.4　加固维修目标与实施原则

1.4.1　加固维修目标

乡土民居的加固维修目标：通过加固维修，房屋应满足正常使用的安全要求，并且抵御其他偶然作用(灾害)的能力也有大幅提高。

所谓"满足正常使用的安全要求",是指结构或构件在正常使用阶段(非偶然作用下),其承载能力、裂缝和变形情况满足使用要求。

"其他偶然作用(灾害)"主要指天灾与人祸。天灾:如地震、泥石流、洪水、风暴等不可抗拒因素;人祸:如火灾、爆炸、车辆撞击等人为因素。

乡土民居的加固,首先应该消除房屋正常使用的危险性,同步提高房屋抵御其他偶然作用(灾害)的能力。以上目标的提出,是基于农村房屋现状特征做出的,基本上符合实际。在具体工作与实践中,对于地震设防烈度较高地区(如8、9度地区),在消除直接危险的同时,可以将提升房屋的抗震能力尤其是抗倒塌性能作为主要目标。

1.4.2 加固维修实施原则

乡土民居加固维修的实施原则:认真评估,精准加固,保持风貌,经济合理,方便施工。

认真评估就是要找准对象,摸清病根,搞清危险状况与危险原因。

精准加固就是要对症下药,一是加固的部位要精准,二是加固的技术方法要合理,三是切实见效,管用。简而言之,对症下药,药到病除。

保持风貌是指加固后不但要保证安全,还要保留房屋原有传统风貌,不能加固后面目全非,不能加固后与周边环境不协调。

经济合理是要在安全的前提下,控制加固维修成本。对于贫困农户,尽可能利用政府补助资金完成危房的加固改造。

方便施工,一是加固维修材料要常用,便于购置;二是加固维修设备应便捷,运输与使用方便;三是加固技术不能太复杂,一般农村建筑工匠经过简单培训即能胜任。

1.4.3 加固维修工程程序

乡土民居的加固维修,宜按照以下程序进行:房屋危险性鉴定→加固方案初定→方案优化协商→方案确定→加固协议签订→加固施工→质量验收。

房屋危险性鉴定是加固维修的重要前期工作。必须通过细致的房屋鉴定摸清病根,搞清状况。建筑与人体一样,其功能随时间增长会逐渐退化,安全隐患会逐渐增多。大部分农房的危险部位、危险点是外露的,肉眼可以直接看到,如墙体开裂、歪斜,木材腐朽,屋面渗水等;有些需要借助经验或简单工具检测得到,如砌筑灰浆强度,有经验的人用手捻搓一下即可判断,再如木材腐朽深度,用螺丝刀戳几下即可探明;有些则需要一些简单的专业知识加以评估,如房屋的结构形式、构件的传力路径以及某个构件失效后可能产生的后果等。因此鉴定过程中要做到摸清病根,入户调查人员必须要有土木结构方面的专业知识。

房屋的危险性鉴定与房屋的抗震性能评价宜同步进行。综合房屋危险性等级与抗震性能评价,提出民居房屋的加固维修方案。方案提出后,应进一步优化协商,即需要深入考虑加固维修方案的实施难易程度与可操作性。比如方案要求对房屋四角墙体进行加固,但某个房间角部有农户的灶台或土炕,再比如方案要求对屋面椽檩进行加固,但农户家的装饰吊顶做工精细、造价不菲等等，这时候就要权衡利弊，有可能的话应改变或优化方案，尽量少拆除，少扰动归根到底是尽可能降低加固维修造价。

加固维修的工程造价，对农村危房的"适修性"评价影响很大。对于农村 C 级危房，一般建议加固维修，但当房屋的抗震构造措施多项不满足要求，或加固维修成本过高、施工难度过大时，也可以考虑拆除重建。根据在多地农村调查情况，当房屋加固费用不超过当地新建房屋费用的 20%时，农户基本上可以接受，一旦超过 30%，农户很难接受。

因此，对于农村危房的加固维修方案，应由技术人员与改造户充分沟通并达成一致意见。农户对加固方案认可并签订加固协议后，方可施工。加固协议各方建议包括：甲方(改造户)、乙方(建筑工匠或施工单位)、丙方(基层组织，协调、见证)、丁方(设计兼技术指导)。协议内容包括：房屋原状描述，加固维修范围与内容，房屋加固费用，其他维修费用，各方责任与义务，加固开工、竣工时间等等。

第2章 乡土民居危险性鉴定

2.1 背景

（1）对乡土民居的安全现状进行客观评价是国家精准扶贫、危房改造工程的一项重要前期工作。

当前，全国农村精准扶贫工作已全面展开，危房改造工作也进入最后攻坚阶段。两项重大民生工程都需要对农村贫困地区人居环境、住房安全进行全面普查，摸清底牌，尤其是对大量乡土民居的安全现状有客观、准确的评价。有了翔实、可靠的鉴定资料、数据，政府才能实事求是、分类分级制定扶持资助政策。

农村危房改造工程实施以来，危房鉴定工作应该说取得了显著成绩。但在技术层面仍存在一些问题：危房鉴定工作量大，基层技术力量薄弱，比如对于很多乡土民居，基层鉴定人员可能不太熟悉这些房屋的结构与建造工艺；鉴定评级技术细节把握不准确，实际中往往就高不就低，大量的 C 级危房被评为 D 级；甚至有些基层管理人员不到现场，主观上认为老旧房屋就应拆除重建为主，造成很大程度的资源浪费，一些贫困户因建房致贫、返贫的现象时有发生。以上情况在全国范围内都存在，使得部分农村住房危险性鉴定评级不客观，对当前扶贫工作造成一定影响。因此，在贫困地区开展农村危房改造工作，应服从国家关于精准扶贫的战略要求，实事求是，首先把农村民居的安全现状摸清楚。

（2）国内尚没有专门针对乡土民居房屋的安全鉴定标准。

目前国内房屋安全鉴定标准主要针对城镇建筑，对于农村建筑安全鉴定的标准制订相对滞后。以《农村危险房屋鉴定技术导则（试行）》（住房城乡建设部 2009 年颁布）为例，实际应用中发现存在以下问题：对房屋的定性评判首先没有在特定的结构类型下进行，仅通过对房屋不同构件发生的变形、裂缝和位移等情况的调查，给出危险性等级；定性鉴定中，对构件使用的材料没有特别说明，不同材料做成的受力构件，在相同损伤条件下，自身危险程度及对整体房屋的危险程度应该是不同的；定性鉴定时，对影响农村房屋安全性的其他方面因素没有考虑，如房屋的层数、高度、开间进深尺寸，房屋的建设年代，房屋的施工工艺等，这些因素在评判房屋的整体危险性等级时，是重要的参考依据；农村房屋中有大量的混合承重形式，如砖墙与土坯墙混合承重、土坯墙与夯土墙混合承重、石墙与砖墙混合承重、砌块墙与砖墙混合承重、夯土墙与木柱混合承重、石墙与木柱混合承重等，这些在上述导则中都没有反映。

另外，导则主要针对农村房屋在正常使用阶段的安全性进行判定，没有考虑房屋抗震性能与抗震构造措施，导致房屋抗震性能评价结论与危险等级鉴定结论的关联性不大。如存在危险等级评定为 A 级(基本完好)或 B 级(轻微破损),但房屋没有任何抗震构造措施、抗震性能严重不足的情况。

(3)从工作实际考虑,宜根据国内地域不同、房屋结构形式差异,提出针对各地乡土民居的实用鉴定方法。

全国各地乡土民居危房数量庞大,如按照城镇建筑的危险性鉴定方法,即严格按照规范的定量鉴定方法,从人力、物力、财力三方面都行不通,因此必须形成基于经验的定性鉴定方法。各地的乡土民居差异很大,即使同一个县,甚至同一个乡镇,也有很多不同之处,这就需要在充分调研的基础上,对各地乡土民居的材料选用与建造工艺有清楚了解,对房屋结构形式有基本判断,对主体结构的传力路径有正确认识。在此基础上不断积累经验,自然而然可以练成"火眼金睛",所谓的使用鉴定方法就是基于经验的现场快速判断。民居建筑与人体一样,其功能随时间增长会逐渐退化,安全隐患会逐渐增多。大部分民居建筑的危险部位、危险点是外露的,肉眼可直接看到,如墙体开裂、歪斜,木材腐朽,屋面渗水等;有些需要借助经验或简单工具检测得到,如砂浆强度,有经验的人用手捻搓一下即可判断,再如木材腐朽深度,用螺丝刀戳几下即可探明,有些则需要一些简单的专业知识加以评估,如房屋的结构形式、构件的传力路径以及某个构件失效后可能产生的后果等。本章内容正是结合国家相关规范,在经验总结的基础上,试图形成乡土民居实用鉴定方法,力争通过"望闻问切",做到摸清病根,对症下药。

2.2 乡土民居的主要结构形式

我国幅员辽阔,气候资源、文化习俗与经济条件差异较大。农村乡土民居多采用本地材料自建,结构形式多样,调研统计约有上百种建筑类型。如按照竖向承重材料、屋盖形式及建造方式综合分类原则,乡土民居主要有以下 6 大类型:

(1)土木结构:指土墙承重、木(楼)屋盖的房屋结构。全国各地分布广泛,包括夯土墙承重、土坯墙承重、夯土-土坯混合承重、土墙-木柱混合承重(如前墙为木柱承重、后墙为土墙承重;四周土墙承重、内部为木柱承重)等结构形式。

夯土墙由普通黏土或含一定黏土的粗粒土夯打而成,根据夯打时墙体两侧模具的不同又分为"板打墙"和"椽打墙"。前者是将半干半湿的土料放在木夹板之间,逐层分段夯实而成,南方较多采用;后者是采用表面光滑顺直的圆木代替木夹板,每侧 3~5 根圆木,当一层夯筑完后,将最下层的圆木翻上来固定好,用同样的方法继续夯筑,依次一根一根上翻,循序进行,这种夯墙方法北方较多采用。夯土墙施工如图 2-1 所示。

乡土民居建造中的土坯大致有 2 种形状,一种是砖块形状的,也叫"土砖",大小不一,西部常见尺寸为 290mm×140mm×100mm;一种是薄片状的,陕西关中、甘肃中部较常见,当地称作"胡基",尺寸为 340mm×220mm×60mm 左右。传统土坯墙采用黏土泥浆砌筑,通常泥浆中拌有麦草,土坯与粘结泥浆强度较低,抗压强度一般在 0.3~0.8MPa 之间。如图 2-2 所示。

(2)砖木结构:指砖墙承重、木(楼)屋盖的房屋结构,全国各地均有分布。农村砖木结

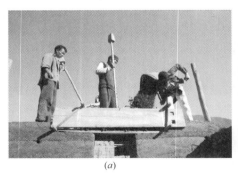

(a)　　　　　　　　　　　　(b)

图 2-1　夯土墙施工
(a)南方夯土工艺—板筑墙；(b)北方夯土工艺—椽打墙

(a)　　　　　　　　　　　　(b)

图 2-2　西北农户自制的土坯
(a)新疆"土砖"；(b)关中"胡基"

构民居大部分为一层，或一层带阁楼的形式。部分采用红砖，年代久一些的采用青砖。从屋面形式上分，有双坡的，有单坡的。砖木结构民居墙体一般没有现代意义上的抗震构造措施（如圈梁、构造柱等），有的仅在支撑大梁或屋架处设置突出墙面的扶壁柱。西部地区砖木民居的屋面结构一般为抬梁式，也叫"柁梁式"，由抬梁（柁梁）与其上瓜柱组成。另一类是三角屋架，有木的，轻钢的，钢木组合的，多是 20 世纪 80 年代以后做的。各类型如图 2-3所示。

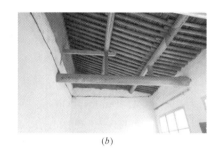

(a)　　　　　　　　　　　　(b)

图 2-3　西北砖木结构民居的屋面形式
(a)抬梁式屋面结构(双坡)；(b)抬梁式屋面结构(单坡)；

图 2-3 西北砖木结构民居的屋面形式（续）

（c）三角屋架结构（双坡）；（d）三角屋架结构（单坡）；（e）硬山搁檩屋面结构（双坡）；（f）单根斜梁屋面结构（单坡）

（3）砖土混杂结构：指土墙与砖墙混合承重、木（楼）屋盖的房屋结构，全省范围内均有分布。包括房屋四角为砖柱、其余部位为土墙的"四角硬"结构正立面为砖墙、其余部位为土墙的"前砖后土"结构，土墙外侧再砌砖墙的"金包银"结构等等。有单坡、双坡、平顶三种屋面形式。如图 2-4 所示。

图 2-4 砖土混杂结构

（a）"四角硬"砖土结构；（b）"前土后砖"混杂结构；（c）"前砖后土"混杂结构；（d）"四角硬"砖土结构（平顶）

（4）木结构：指木柱、木构架承重的房屋结构，是传统民居的最主要结构形式。从地域分布看，"南穿斗、北抬梁"是主要特征。

北方常见的木结构老房子一般为抬梁式结构，又称叠梁式，是在立柱上架梁，梁上又抬梁，最上一层梁上架脊瓜柱，各层梁端与脊瓜柱上架檩，檩上挂椽。如图 2-5 所示。

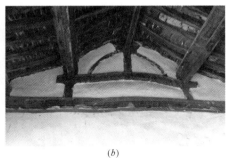

（a）　　　　　　　　　　　　　　　　（b）

图 2-5　北方抬梁式木结构民居

（a）关中木结构民居；（b）甘肃木结构民居

穿斗式木结构在秦岭山区、陕南、甘南较为常见，其特点是沿房屋的进深方向按檩数立一排柱，每柱柱顶架檩，檩上挂椽，每排柱子靠穿透柱身的穿枋横向贯穿起来，构成一榀构架。如图 2-6 所示。

（a）　　　　　　　　　　　　　　　　（b）

图 2-6　南方穿斗式木结构民居

（a）陕南木结构民居；（b）甘南木结构民居（震后）

也有些老房子是穿斗-抬梁混合式，即山墙采用穿斗排架，中间采用抬梁以形成较大室内空间。

改革开放以后建的一些木结构房屋，屋面承重结构常常采用三角屋架形式，有明确的上、下弦和腹杆，严格来讲，这些不属于传统的木构做法。

判定是不是木结构体系，有一个重要标准，就是木柱承重。西北地区的土墙中，有些是有木柱的，有些没有木柱。土墙中的木柱有时直径很小，如 100mm 以下，像根木椽，这种木柱的作用主要是建房时先临时支撑屋架用的，因为北方建房一般"先立架，后砌墙，再上瓦"，因此这种情况不能认为是木柱承重。

（5）石木结构：指石墙承重、木（楼）屋盖的房屋结构，大部分采用片毛石或毛石，且基本上都是泥浆砌筑。山区较为常见，近些年来，石墙承重、混凝土（楼）屋盖的房屋逐渐增多。如图 2-7 所示。

(a)　　　　　　　　　　　　　　　　(b)

图 2-7　石木结构民居
(a)两层石木结构；（甘南）(b)一层石木结构(青海)

（6）窑洞是我国黄土高原地区传统民居的主要建筑形式，主要分布在陕北、晋西北、豫西北、陇东、宁夏等地。根据不同施工工艺分为靠崖式窑洞、独立式窑洞和下沉式窑洞三种形式。按材料分，有土窑、石窑、砖窑几种形式。

土窑基本上属于靠崖式窑洞或下沉式窑洞，直接在黄土形成的崖壁上挖孔形成洞室，多数在内部加砖券或石券，以防土层坍塌。

砖窑、石窑多为独立式窑洞，也称锢窑，即在平地用砖或石头砌成墙壁和上部拱券，然后人工覆土。

下沉式窑洞也称"地坑窑"，一般是在黄土塬的平地上，就地挖下一个长方形大坑，再向地坑四壁挖窑洞，形成"地下四合院"。渭北旱原地区目前仍有零星保留。

宁夏、甘肃有些地方还有一种生土拱券式结构，也称"土拱房"，是先在平地上夯打土墙形成窑腿，再用土坯砌成拱券而成。如图 2-8 所示。

(a)　　　　　　　　　　　　　　　　(b)

图 2-8　窑洞民居
(a)靠崖式土窑洞；(b)独立式窑洞(石窑)；

图 2-8　窑洞民居 （续）

(c)独立式窑洞(石窑)；(d)独立式窑洞(砖窑)；(e)下沉式窑洞(地坑窑)；
(f)下沉式窑洞(地坑窑)；(g)土拱房(甘肃)；(h)土拱房(宁夏)

2.3　鉴定方法与程序

（1）对乡土民居进行危险性鉴定时，可将其划分为地基基础、上部承重结构两个组成部分进行鉴定。对地基基础的鉴定，主要通过上部结构是否存在不均匀沉降导致的裂缝，墙体是否出现歪斜等现象进行间接判定。

（2）乡土民居的危险性鉴定应以房屋主要承重构件的破损或危险程度为基础，并结合下列因素进行全面分析，综合判断：

农房所在场地与周边环境是否安全，是判定房屋总体安全的先决条件。如果场地为不利地段，存在安全隐患，可以对房屋的安全性一票否决。

各类构件在房屋中的重要性不同，存在的缺陷或危险有轻重之分，应根据房屋现状情况，结合对传统建造技术的了解，进行综合评价。

危险构件在整个结构中所占数量和比例判定房屋可修或不可修、加固还是拆除的关键。

房屋的整体性与抗倒塌能力与房屋的抗震性能密切相关，在进行房屋危险性鉴定时，宜适当考虑抗震性能。

应考虑危险构件或房屋整体的适修性，所谓"适修性"，是指房屋维修加固的技术难度和经济投入的综合考虑。即不但要判断技术上能修不能修，还要考虑好修不好修，经济上能否承担得起。

（3）按照危险构件数量、程度和宏观表征，乡土民居的危险性可分为 4 个等级：

A 级：未发现危险点，满足安全使用要求。宏观表征为：没有损坏，基本完好。

B 级：个别构件有一定危险，但不影响主体结构安全使用要求。宏观表征为：轻微破损，轻度危险。

C 级：部分承重构件不满足安全要求，或局部出现险情，构成局部危房。宏观表征为：中等破损，中度危险。

D 级：大部分承重构件不满足安全要求，或整体出现险情，构成整幢危房。宏观表征为：严重破损，严重危险。

上述"危险点"，是指单个构件或构件之间的连接部位存在破损现象或不符合安全要求的危险状态。所谓"宏观表征"，即现场鉴定人员肉眼所观察的房屋大致情形的综合观感。

（4）鉴定工作程序：

① 现场查勘，对场地危险性进行评价。

② 初步判别房屋的结构形式与主要承重构件。

③ 对以下各项进行详细检测：

墙体现状、屋盖现状、主要构件之间连接，应进行检查和实际测量；

对于墙体，重点检查是否有裂缝和倾斜，并应现场测量、记录；

对于屋盖，重点检查各构件现状质量，及有无局部塌陷；

构件之间，检查有无连接措施，有无通缝、松动、脱开等现象；

必要时，对砌筑砂浆、混凝土强度进行检测；

检查墙内有无隐藏的木柱、混凝土构造柱、圈梁、过梁等；

对承重木构件的材质进行宏观判断。

④ 综合评估，确定房屋危险性等级。

⑤ 提出处理建议。

2.4 土木结构民居危险性鉴定

（1）土木结构房屋，其危险性等级不考虑 A 级。

【本条说明】

土木结构房屋是指土墙承重-木屋盖结构。经全国大范围内的实地调查，传统土坯墙或夯土墙均存在原始缺陷，如土坯墙大多为立砌，土坯之间普遍存在竖缝，夯土墙自身的非受力裂缝与连接部位的干缩裂缝也普遍存在，这些原始裂缝客观上均已造成房屋出现轻微以上程度破损。因此不应考虑 A 级。

（2）满足下列全部条件的土木结构房屋，其危险性可鉴定为 B 级：

① 地基基础：基本稳定，无明显不均匀沉降。

② 墙体：承重土墙无受力裂缝和变形；墙体转角处和纵、横墙交接处无松动、脱闪现象；墙体根部无碱蚀（硝化）现象；墙体的草泥面层基本完好。

③ 屋架：构件材质基本完好，无虫蛀、腐朽；上、下弦干缩裂缝最大宽度不超过 5.0mm，裂缝深度不超过木材直径的 1/4；屋架几何稳定性良好；节点完好。

④ 柃梁：材质基本完好，无虫蛀、腐朽；干缩裂缝最大宽度不超过 5.0mm，裂缝深度不超过木材直径的 1/4；无明显挠曲；端部支承处无明显移位。

⑤ 屋面：无明显变形、塌陷；无明显渗水漏雨现象；椽子、屋面基本完好。

【本条说明】

（1）"明显"，指不用借助其他辅助工具，肉眼观察下显而易见。

（2）实际工作中，对于地基基础的鉴定，可以通过上部结构是否存在不均匀沉降导致的裂缝，墙体是否出现歪斜等现象进行间接判定。

（3）墙根"碱蚀"的原因：一是当地水质含碱量（可溶性硫酸盐）较高；二是当地土壤含碱量较高，导致取土建造的墙体自身含碱量也较高；三是防水、防潮措施不到位，导致墙根返潮或墙体被水侵蚀。当墙根受潮或受水侵蚀后，硫酸盐会在墙根表面结晶并产生膨胀，墙体表面粉化、酥松甚至剥落。砖墙碱蚀后，还可以看到墙体表面出现白色粉末、起皮现象，严重时片状剥落。墙根碱蚀很大程度上削弱了墙体的承载能力与稳定性。

（4）木构件的腐朽，主要诱因包括木材受潮或真菌繁殖等。木材腐朽一般从表面开始，颜色随之白化，肉眼可判定。用螺丝刀尖头用力戳木材表面，可以检查腐朽深度。木材受到虫蛀后，会形成很多孔眼或沟道，使木材强度严重降低。除肉眼观察外，还可以用小锤敲击木材表面，如果有空鼓声，说明内部有虫蛀现象。

（5）屋架一般是三角形式，有木的、钢木组合的、小型钢焊接的。如果上下弦杆、腹杆齐全，节点连接与支座支承牢靠，满足以上条件可视为屋架"几何稳定性良好"。

（6）存在下列情况之一的土木结构房屋，其危险性可鉴定为 C 级：

① 地基基础：有较明显不均匀沉降，引起局部墙体开裂。

② 墙体：承重土墙出现 3 处以上明显受力裂缝，裂缝宽度超过 5mm，单条裂缝长度超过 1.5m；墙体转角处和纵、横墙交接处出现 3 处以上松动、脱闪现象；墙体根部明显碱蚀（硝化），碱蚀深度超过 100mm。

③ 屋架：局部出现轻微腐朽或虫蛀；上、下弦干缩裂缝最大宽度超过 5.0mm，裂缝深度超过木材直径的 1/4；屋架自身稳定性较差。

④ 柃梁：局部出现轻微腐朽或虫蛀；干缩裂缝最大宽度超过 5.0mm，裂缝深度超过木材直径的 1/4。

⑤ 屋面：局部出现沉陷；或屋面渗水面积超过 2.0m² 以上；椽子出现 20% 以上腐朽。

(7) 存在下列情况之一的土木结构房屋，其危险性可鉴定为 D 级：

① 地基基础：有明显不均匀沉降，引起墙体严重开裂或倾斜。

② 墙体：承重土墙出现 3 处以上严重开裂，裂缝宽度超过 10mm，单条裂缝长度超过 2.0m；墙体转角处和纵、横墙交接处出现严重脱闪，最大相对位移超过 50mm；局部承重墙体出现歪闪，墙顶最大位移超过 50mm；墙体根部严重碱蚀（硝化），碱蚀深度超过 150mm 或 1/2 墙厚的墙体总长度大于 3.0m。

③ 屋架：上下弦或节点严重腐朽，屋架承载能力可能随时丧失；屋架几何稳定性严重不足。

④ 桁梁：1/3 桁梁出现严重腐朽或老化变质；木材干缩裂缝深度超过木材直径的 1/3；跨中底面出现严重横向断纹裂缝或基本断裂。

【本条说明】

"严重腐朽"，指木构件腐朽截面积超过木构件总截面积的 1/4 以上，或平均腐朽深度超过木构件直径的 1/6。

"横向断纹裂缝"是指木材截面尺寸偏小或荷载较大，导致抗弯承载力不足产生的横向拉开的裂缝。

2.5 砖木结构民居危险性鉴定

(1) 满足下列全部条件的砖木结构房屋，其危险性可鉴定为 A 级：

① 地基基础：基本稳定，无不均匀沉降。

② 墙体：承重墙体完好，无裂缝；墙体采用水泥砂浆、石灰砂浆或混合砂浆砌筑，而非泥浆或草泥砌筑；墙体转角处和纵、横墙交接处无松动、脱闪现象。

③ 屋架：各构件材质完好，无虫蛀、腐朽；上、下弦干缩裂缝最大宽度不超过 3.0mm，裂缝深度不超过木材直径的 1/6；屋架几何稳定性良好；节点完好。

④ 桁梁：材质完好，无虫蛀、腐朽；干缩裂缝最大宽度不超过 3.0mm，裂缝深度不超过木材直径的 1/6；跨中无挠曲；端部支承处无移位。

⑤ 屋面：无变形；无渗水漏雨现象；椽子、屋面瓦完好。

【本条说明】

承重墙采用泥浆或草泥砌筑的砖木结构，即使外观没有出现裂缝与变形，但由于存在严重安全隐患，因此综合考虑，不建议评为 A 级，应进行加固维修。

(2) 满足下列全部条件的砖木结构房屋，其危险性可鉴定为 B 级：

① 地基基础：基本稳定，无明显不均匀沉降。

② 墙体：承重墙体无明显受力裂缝和变形；墙体采用水泥砂浆、石灰砂浆或混合砂浆砌筑，而非泥浆或草泥砌筑；墙体转角处和纵、横墙交接处无松动、脱闪现象；墙体根部无明显碱蚀（硝化）现象。

③ 屋架：各构件材质基本完好，无虫蛀、腐朽；上、下弦干缩裂缝最大宽度不超过

5.0mm，裂缝深度不超过木材直径的 1/4；屋架几何稳定性良好；节点完好。

④ 杪梁：材质基本完好，无虫蛀、腐朽；干缩裂缝最大宽度不超过 5.0mm，裂缝深度不超过木材直径的 1/4；无明显挠曲；端部支承处无明显移位。

⑤ 屋面：无塌陷；无明显渗水漏雨现象；椽子、屋面瓦基本完好。

（3）出现下列情况之一的砖木结构房屋，其危险性可鉴定为 C 级：

① 地基基础：有较明显不均匀沉降，引起局部墙体开裂。

② 墙体：墙体采用泥浆或草泥砌筑；承重墙体出现 3 处以上明显受力裂缝，裂缝宽度超过 3mm，单条裂缝长度超过 1.5m；墙体转角处和纵、横墙交接处出现 3 处以上松动、脱闪现象；墙体根部明显碱蚀（硝化），碱蚀深度超过 50mm。

③ 屋架：局部出现轻微腐朽或虫蛀；上、下弦干缩裂缝最大宽度超过 5.0mm，裂缝深度超过木材直径的 1/4；屋架几何稳定性较差。

④ 杪梁：局部出现轻微腐朽或虫蛀；干缩裂缝最大宽度超过 5.0mm，裂缝深度超过木材直径的 1/4。

⑤ 屋面：局部出现沉陷；屋面渗水面积超过 2.0m² 以上；椽子出现 20% 以上腐朽。

（4）出现下列情况之一的砖木结构房屋，其危险性可鉴定为 D 级：

① 地基基础：有明显不均匀沉降，引起墙体严重开裂或倾斜。

② 墙体：承重墙体出现大范围开裂，且至少三条裂缝宽度超过 10mm，单条裂缝长度超过 2.0m）；墙体转角处和纵、横墙交接部位多处出现严重脱闪，最大相对位移超过 50mm；局部承重墙体出现歪闪，墙顶最大位移超过 50mm；墙体根部严重碱蚀（硝化），碱蚀深度超过 100mm 的墙体总长度大于 3.0m。

③ 屋架：上下弦或节点严重腐朽，屋架承载能力可能随时丧失；屋架几何稳定性严重不足。

④ 杪梁：出现严重腐朽或老化变质；木材干缩裂缝深度超过木材直径的 1/3；跨中底面出现严重横向断纹裂缝或基本断裂。

2.6　砖土混杂结构民居危险性鉴定

（1）砖土混杂结构房屋，其危险性等级不考虑 A 级。

（2）满足下列全部条件的砖土混杂结构房屋，其危险性可鉴定为 B 级：

① 地基基础：基本稳定，无明显不均匀沉降。

② 墙体：承重墙体无明显受力裂缝和变形；墙体转角处和纵、横墙交接处无松动、脱闪现象；墙体根部无明显碱蚀（硝化）现象；土墙草泥护面层基本完好。

③ 屋架：材质基本完好，无虫蛀、腐朽；上、下弦干缩裂缝最大宽度不超过 5.0mm，裂缝深度不超过木材直径的 1/4；屋架几何稳定性良好；节点完好。

④ 杪梁：材质基本完好，无虫蛀、腐朽；干缩裂缝最大宽度不超过 5.0mm，裂缝深度不超过木材直径的 1/4；无明显挠曲；端部支承处无明显移位。

⑤ 屋面：无明显变形、塌陷；无明显渗水漏雨现象；椽子、屋面瓦基本完好。

（3）出现下列情况之一的砖土混杂结构房屋，其危险性可鉴定为 C 级：

① 地基基础：有较明显不均匀沉降，引起局部墙体开裂。

② 墙体：承重墙体出现 3 处以上明显受力裂缝，土墙裂缝宽度超过 5mm，单条裂缝长度超过 1.5m；砖墙裂缝宽度超过 3mm，单条裂缝长度超过 1.5m；墙体转角处和纵、横墙交接处出现 3 处以上松动、脱闪现象；墙体根部明显碱蚀（硝化），土墙碱蚀深度超过 100mm，砖墙碱蚀深度超过 50mm。

③ 屋架：局部出现轻微腐朽或虫蛀；上、下弦干缩裂缝最大宽度超过 5.0mm，裂缝深度不超过木材直径的 1/4；屋架几何稳定性较差。

④ 桁梁：局部出现轻微腐朽或虫蛀；干缩裂缝最大宽度超过 5.0mm，裂缝深度不超过木材直径的 1/4。

⑤ 屋面：较大范围出现沉陷；屋面渗水面积超过 $2.0m^2$ 以上；椽子出现 20% 以上腐朽。

（4）出现下列情况之一的砖土混杂结构房屋，其危险性可鉴定为 D 级：

① 地基基础：有明显不均匀沉降，引起墙体严重开裂或倾斜。

② 墙体：承重墙体出现 3 处以上严重开裂，裂缝宽度超过 10mm，单条裂缝长度超过 2.0m；墙体转角处和纵、横墙交接处出现严重脱闪，最大相对位移超过 50mm；局部承重墙体出现歪闪，墙顶最大位移超过 50mm；墙体根部严重碱蚀（硝化），碱蚀深度超过 150mm（或 1/2 墙厚）的墙体总长度大于 3.0m。

③ 屋架：上下弦或节点严重腐朽，屋架承载能力可能随时丧失；屋架几何稳定性严重不足。

④ 桁梁：出现严重腐朽或老化变质；木材干缩裂缝深度超过木材直径的 1/2；跨中底面出现严重横向断纹裂缝即受弯裂缝。

2.7 木结构民居危险性鉴定

（1）满足下列全部条件的木结构房屋，其危险性可鉴定为 A 级：

① 地基基础：稳定，无不均匀沉降。

② 木柱：无腐朽或虫蛀现象；无明显弯曲变形与侧移；柱身无损伤，无明显干缩裂缝；柱脚与柱础支承状况良好。

③ 木梁、檩、枋：无腐朽或虫蛀现象；无明显弯曲变形；跨中无横向裂缝，端部无劈裂现象；无明显干缩裂缝；榫卯节点完好。

④ 屋面覆面层：屋面平整，无沉陷变形；无渗水漏雨现象；椽、瓦完好。

（2）满足下列全部条件的木结构房屋，其危险性可鉴定为 B 级：

① 地基基础：基本稳定，无明显不均匀沉降。

② 木柱：有轻微腐朽或虫蛀现象；无明显弯曲变形与侧移；柱身无明显损伤，纵向干缩裂缝深度不超过木柱直径或边长的 1/6；柱脚与柱础支承状况良好。

③ 木梁、檩、枋：有轻微腐朽或虫蛀现象；无明显挠曲变形；跨中无横向裂缝；纵向干缩裂缝深度不超过构件直径或边长的 1/4；榫卯节点有轻微变形。

④ 屋面覆面层：局部轻微沉陷；较小范围渗水；小范围椽、瓦有少量损坏。

（3）出现下列情况之一的木结构房屋，其危险性可鉴定为 C 级：

① 地基基础：基础埋深偏小；有明显不均匀沉降。

② 木柱：有明显腐朽或虫蛀现象，对承载力产生较大影响；柱身有明显弯曲变形与侧移；柱身有明显损伤，纵向干缩裂缝深度超过木柱直径或边长的 1/4；柱脚与柱础支承处有错位现象。

③ 木梁、檩、枋：有明显腐朽或虫蛀现象，对承载力产生较大影响；跨中有明显挠曲或出现横向裂缝，端部出现劈裂；纵向干缩裂缝深度超过构件直径或边长的 1/4；榫卯节点破损或有拔榫迹象；由柱、梁、枋组成的木构架在平面内或平面外的倾斜超过木构架高度的 1/120。

④ 屋面覆面层：较大范围出现沉陷；较大范围渗水；较大范围椽、瓦损坏。

（4）出现下列情况之一的木结构房屋，其危险性可鉴定为 D 级：

① 地基基础：地基失稳；基础局部或整体塌陷。

② 木柱：出现严重腐朽或虫蛀现象；柱身严重歪斜；柱身有严重损伤，纵向干缩裂缝深度超过木柱直径或边长的 1/3；柱脚与柱础严重错位。

③ 木梁、檩、枋：有严重腐朽或虫蛀现象；跨中严重弯曲，出现严重横向裂缝或断裂，端部出现劈裂；纵向干缩裂缝深度不超过构件直径或边长的 1/3；榫卯节点失效或多处拔榫；由柱、梁、枋组成的木构架在平面内或平面外的倾斜超过木构架高度的 1/50。

④ 屋面覆面层：较大范围出现塌陷；大范围渗水漏雨；大范围椽、瓦严重损坏。

2.8　砖混结构民居危险性鉴定

（1）满足下列全部条件的砖混结构房屋，其危险性可鉴定为 A 级：

① 地基基础：基本稳定，无不均匀沉降。

② 墙体：砌筑质量良好；墙体无裂缝；墙体转角处和纵、横墙交接处无松动、脱闪现象；无独立承重砖柱。

③ 混凝土梁：梁无挠曲，无裂缝；混凝土保护层无剥落，钢筋无外露、锈蚀。

④ 屋面：无渗水漏雨现象；屋面板混凝土保护层无剥落，钢筋无外露、锈蚀；板与竖向承重构件搭接处无松动和裂缝。

（2）满足下列全部条件的砖混结构房屋，其危险性可鉴定为 B 级：

① 地基基础：基本稳定，无明显不均匀沉降。

② 墙体：砌筑质量一般；墙体无明显受力裂缝和变形；墙体转角处和纵、横墙交接处有松动但无明显脱闪；墙体根部无明显碱蚀(硝化)。

③ 混凝土梁：无明显挠曲现象，且受拉区无明显裂缝；混凝土保护层无明显剥落，钢筋无外露、锈蚀。

④ 屋面：无明显渗水漏雨现象；屋面板混凝土保护层无明显剥落，钢筋无外露、锈蚀；板与竖向承重构件搭接处无明显松动和裂缝。

（3）出现下列情况之一的砖混结构房屋，其危险性可鉴定为 C 级：

① 地基基础：有不均匀沉降，引起局部墙体开裂。

② 墙体：砌筑质量很差；承重墙体出现 3 处以上明显受力裂缝，裂缝宽度超过 3mm，单条裂缝长度超过 1.5m；墙体转角处和纵、横墙交接处出现 3 处以上松动、脱闪现象；墙体根部有明显碱蚀（硝化），碱蚀深度超过 50mm。

③ 混凝土梁：跨中挠度超过梁跨度的 1/250；受拉区混凝土表面裂缝宽度超过 1mm；混凝土保护层有明显剥落，钢筋有外露、锈蚀现象。

④ 屋面：有明显渗水漏雨现象；屋面板混凝土保护层有明显剥落；板与竖向承重构件搭接处有明显松动和裂缝。

（4）出现下列情况之一的砖混结构房屋，其危险性可鉴定为 D 级：

① 地基基础：有明显不均匀沉降，引起局部墙体严重开裂或倾斜。

② 墙体：承重墙体出现大范围开裂，裂缝宽度超过 10mm，单条裂缝长度超过 2.0m；墙体转角处和纵、横墙交接位置多处出现严重脱闪，最大相对位移超过 50mm；承重墙体局部出现歪闪，墙顶最大位移超过 50mm；墙体根部严重碱蚀（硝化），碱蚀深度超过 100mm 的墙体总长度大于 3.0m。

③ 混凝土梁：跨中挠度超过梁跨度的 1/200，且受拉区混凝土表面裂缝宽度超过 2mm；裂缝处部分钢筋已经屈服；混凝土保护层严重剥落，钢筋严重锈蚀。

④ 屋面：屋面板混凝土严重剥落，钢筋严重锈蚀；板与竖向承重构件搭接处严重脱开，随时有塌落危险。

2.9 窑洞民居危险性鉴定

（1）满足下列全部条件的窑洞民居，其危险性可鉴定为 A 级：

① 场地与地基基础：场地地质条件稳定，无滑坡、崩塌、泥石流、洪水等自然灾害威胁；地基基础牢固，无不均匀沉降。

② 侧壁（窑腿）：基本完好，表面无剥蚀，无竖向裂缝；窑腿宽度满足要求。

③ 拱顶：无变形，无裂缝，无塌陷；无潮湿、渗水现象；覆土厚度满足要求。

④ 窑脸：采用砖石拱券砌筑，砌筑质量良好；排水顺畅，窑脸根部拱脚完好；窑脸与窑体接茬良好，无分离脱闪迹象。

【本条说明】

对于靠山窑的场地安全性调查，应由国土资源部门或地质勘查单位给出评价结论。

窑洞常规构造尺寸，主要由当地土质条件与施工工艺确定，一般各地都有经验值。所谓侧壁（窑腿）、拱顶、覆土厚度满足要求，就是指符合这些经验值的要求。以陕北靠山窑为例，常规构造尺寸应满足以下要求：

① 靠山窑常规构造示意与尺寸要求：

② 靠山窑矢跨比（S/L）应根据当地经验、土质条件和材料性能综合确定，宜为 0.4~0.6。

③ 多孔窑洞间的净距（窑腿宽度）不宜小于窑洞洞室的高度 H。

洞室宽度 L(m)	3.0~3.5	
洞室深度 D(m)	6.0~10.0	
洞室高度 H(m)	3.0~3.6	
覆土厚度 H_2(m)	不小于 3.0	

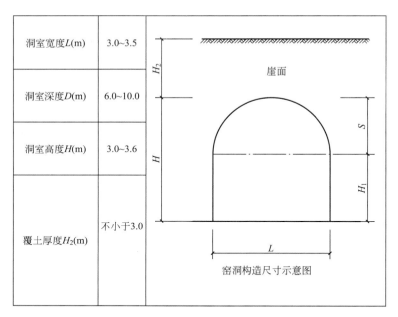

窑洞构造尺寸示意图

（2）满足下列全部条件的窑洞民居，其危险性可鉴定为 B 级：

① 场地与地基基础：场地地质条件稳定，无滑坡、崩塌、泥石流、洪水等自然灾害威胁；地基基础处理一般，有轻微不均匀沉降。

② 侧壁（窑腿）：出现轻微剥蚀，或出现轻微竖向裂缝；局部有潮湿状；窑腿宽度基本满足要求。

③ 拱顶：无明显变形；有轻微裂缝，无塌陷，无冒顶；局部有渗水、潮湿现象；覆土厚度基本满足要求。

④ 窑脸：采用砖石拱券砌筑，砌筑质量良好；排水顺畅，窑脸根部拱脚基本完好；窑脸与窑体接茬较好，顶部有轻微环向裂缝，但无明显脱闪。

（3）出现下列情况之一的窑洞民居，其危险性可鉴定为 C 级：

① 场地与地基基础：场地地质条件稳定，无滑坡、崩塌、泥石流、洪水等自然灾害威胁；地基处理不牢靠，或基础埋深偏小，出现明显不均匀沉降。

② 侧壁（窑腿）：表面出现明显剥蚀；出现明显竖向裂缝或水平裂缝；较大范围出现潮湿状；窑腿宽度偏小，边部窑腿出现水平侧移。

③ 拱顶：环向与进深方向均出现裂缝，但尚无塌陷、冒顶现象；局部渗水、潮湿严重；覆土厚度不满足要求。

④ 窑脸：由于排水不畅，窑脸与窑体出现明显脱闪；窑脸拱顶或拱肩部位出现明显开裂；窑脸局部垮塌。

（4）出现下列情况之一的窑洞民居，其危险性可鉴定为 D 级：

① 场地与地基基础：场地地质条件不稳定，存在滑坡、崩塌、泥石流、洪水等自然灾害威胁；地基处理不牢靠，或基础埋深偏小，出现严重不均匀沉降。

② 侧壁（窑腿）：出现严重竖向裂缝或水平裂缝；窑腿宽度偏小，边部窑腿出现严重水

平侧移。

③ 拱顶：环向与进深方向均出现严重裂缝；局部塌陷、冒顶；大范围渗水；覆土厚度严重不满足要求。

④ 窑脸：局部或整体垮塌。

第3章 乡土民居加固维修技术与方法

3.1 基本要求

3.1.1 不同危险等级与处理要求

当前对农村危房的鉴定与加固工作，主要由各级住房城乡建设部门组织实施，因此房屋加固设计单位或个人应首先与当地住房城乡建设部门协调，在住房城乡建设部门或乡镇政府协助下开展当地的乡土建筑危房鉴定与加固维修工作。

A级：未发现损坏或危险点，满足正常使用要求。宏观表征为：没有损坏，基本完好。处理要求：无需处理，继续使用。

B级：个别构件损坏或有一定危险，但主体结构基本满足正常使用要求。宏观表征为：轻微破损，轻度危险。处理要求：局部小修。

C级：部分承重构件不满足正常使用要求，或局部出现险情，构成局部危房。宏观表征为：中等破损，中度危险。处理要求：结构加固与修复。

D级：大部分承重构件不满足正常使用要求，或整体出现险情，构成整幢危房。宏观表征为：严重破损，严重危险。处理要求：原则上拆除重建，当具有加固维修价值且技术上可以保证安全的，也可以采用加固方式处理。

一般将C级、D级危险性房屋称为"危房"，国家对列入农村危改计划的C级、D级危房改造有一定的资金补助。本书所提出的加固维修技术、方法与具体措施主要针对C级农村危房。

3.1.2 加固维修的基本方法

（1）对地基基础进行加固，减轻或消除房屋的不均匀沉降；

（2）通过支撑、捆绑、牵拉等方式，提高房屋的整体稳固性；

（3）通过对损伤部位、构件的补强，提高结构骨架承载能力与变形能力；

（4）对房屋外皮（围护结构）进行修复，提高房屋防水防潮等耐久性能。

当地基基础有轻微不均匀沉降时，一般应以加强上部结构的整体性为主，提高房屋抵抗不均匀沉降的能力；当不均匀沉降较为严重时，应对地基基础进行补强处理，消除导致沉降的不安全因素；当地基基础处理难度大、费用高，且效果不易保证时，可考虑拆除重建。

房屋上部结构加固，主要应提高关键部位或关键构件的承载能力与变形能力，增强房屋的整体性与抗倒塌能力；其次是提高房屋围护结构的耐久性能。重点是对竖向承重墙体进行加固修复。

3.1.3 材料要求

（1）加固所用材料，起补强作用、用在关键部位且用量相对较少，因此必须采用质量合格产品。一些特殊加固修复材料（如环氧树脂、结构胶、水玻璃、木材防腐剂、表面保护漆等），当农户或工匠不方便购买时，基层住房城乡建设部门应协助采购。

（2）水泥：建议采用强度等级为 42.5MPa 的普通硅酸盐水泥。对严重碱蚀部位进行加固修复时，也可以采用抗硫酸盐硅酸盐水泥。

（3）钢材：钢筋建议采用一级钢（HPB300）、二级钢（HRB335）或三级钢（HRB400），具体按设计要求，不应采用地条钢或旧房拆下来的废旧钢材；盘条钢筋需要调直时，应采用机械张拉，不应手工砸直；型钢质量应符合国家标准，截面尺寸应符合设计要求。

3.1.4 人员培训要求

以下与农村危房（窑）改造的相关技术人员，应进行岗前技术培训。

（1）农村危房加固设计人员

农村危房加固需要面对的问题不同于城镇，很多适用于城镇建筑的加固方法并不适合农村。本指南加固技术对于从事农村危房加固设计的技术人员来说，有很好的借鉴与参考意义。

（2）基层农村建设管理人员

农村危房加固改造工作主要依靠乡镇基层建设管理人员组织实施，因此这些基层管理人员应对农房（窑）加固维修的主要技术内容与方法深入了解，才能更好地将本职工作做好。

（3）农村建筑工匠

农村建筑工匠是农村建设的主力军，工匠的技术水平与敬业程度是决定房屋加固质量的重要因素，保证危房改造的质量必须严把工匠关。加固施工与常规施工相比，技术含量高、难度大，因此应加强对农村工匠的技术培训，以提高工匠的整体素质，并通过示范工程建设宣传推广，扩大熟练掌握加固维修技能的专业建筑工匠队伍。

3.2 地基基础加固

3.2.1 常见问题

（1）地基没有处理或处理深度不够，或换填材料夯填不够密实，导致地基承载力不足，或地基稳定性不满足要求。

（2）基础宽度不够，基底反力过大，或基础砌筑（浇筑）不结实，承载力不足产生变形，导致房屋出现不均匀沉降。

（3）房屋周边环境发生变化，或由于其他因素扰动，导致房屋发生不均匀沉降，如房屋周边地下水位发生较大变化，房屋周边有较高堆土或较深挖槽，周边工程爆破导致房屋产生沉陷、墙体开裂等。

3.2.2　地基挤密加固

（1）加固目的

通过挤密提高地基承载力，减小地基基础不均匀沉降及对上部结构造成的破坏。

（2）方法与技术途径

小直径生石灰桩是适用于软弱土地基、湿陷性黄土地基加固的好办法（图 3-1）。农村房屋一般可采用洛阳铲成孔。其主要机理是通过生石灰的吸水膨胀，使桩周土压缩、固结脱水，从而实现对软弱地基的加固，尤其适合于对湿陷性黄土地基的挤密加固。

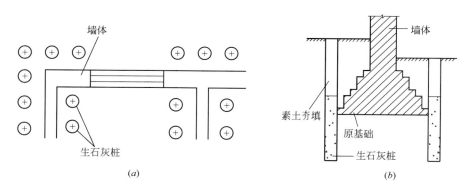

图 3-1　生石灰桩挤密加固示意

（a）平面布置；（b）竖向布置

（3）技术措施（以洛阳铲成孔为例）

1）施工顺序：

确定桩位与桩长→洛阳铲成孔→夯实孔底→倒入生石灰颗粒→夯击 3 锤→……反复夯填（至基础底面以上不超过 200mm）……→再换做素土或三七灰土夯填至地面。

2）技术要点：

① 洛阳铲成孔直径宜在 150~200mm 之间；

② 生石灰块应干燥，未吸水吸潮，鸡蛋大小最为合适，最大颗粒不应超过孔径的三分之一。填料时，应尽量使用块体或颗粒，生石灰粉末不应超过 20%（重量比）；

③ 锤宜采用铸铁夯锤，重量宜在 7~8kg 以上，每次夯击时，落距应在 1m 以上；

④ 每次孔内填料，不应超过 300mm 高度，每次填料应至少夯击 3 锤。

3.2.3　地基注浆加固

（1）加固目的

通过压力注浆，使地基土部分固化，土体强度提高，减小或消除由于地基基础不均匀对上部结构造成的破坏。

（2）方法与技术途径

将水泥浆或其他化学浆液通过导管注入松散土层、裂隙或空洞中，浆液凝结后对地基起到固化、增强作用(图3-2)。机具设备主要为水泥压浆泵,配套机具有:搅拌机、灌浆管、阀门、压力表以及钻孔机等机具设备。

(3)技术措施

1)施工顺序:

钻机就位→钻孔→插管→注浆作业→拔管→封孔→移开钻机→下一孔位作业。

2)技术要点:

① 水泥浆拌制时,水灰比 0.8 ~ 1.0,采用强度等级为 42.5 或 52.5 的普通硅酸盐水泥;

② 地基注浆加固前,应通过试验确定灌浆段长度、灌浆孔距、灌浆压力等有关技术参数。一般农村低层房屋,灌浆段长度建议取 2.0~4.0m;

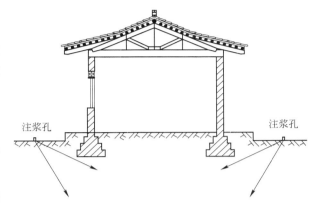

图 3-2 地基注浆加固法

③ 施工现场水电应能满足施工基本需要;

④ 注浆管沉入底部后,自下而上分段连续注浆,直至孔口。每个孔的注浆作业应连续,不得中断。灌浆完后,拔出灌浆管,留孔用 1:2 水泥砂浆或细砂砾石填塞密实。

3.2.4 扩大基底面积

(1)加固目的

扩大基础底面积,降低基底反力,提高基础承载力与整体性,减小不均匀沉降及对上部结构造成的破坏。

(2)方法与技术途径

将原基础分段或部分挖开,在原基础外侧浇筑混凝土形成基础外套,或用石块砌筑形成石砌外套,以扩大基底面积,提高基础承载力与整体性。此法一般适用于砖石条基。如图3-3所示。

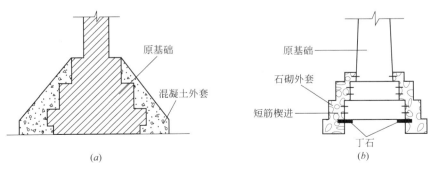

图 3-3 砖石条基扩大基底面积法加固示意

(a)混凝土外套;(b)石砌外套

（3）技术措施（以混凝土外套加固为例）

1）施工顺序：

在原基础两侧或一侧挖槽→基础底部边缘掏土→槽边修整，槽底夯实→槽内浇筑混凝土
→回填→修复地面。

2）技术要点：

① 基础单侧挖槽宽度不小于 150mm，深度不小于原基底以下 150mm，原基础底部边缘
内掏不少于 50mm；

② 混凝土浇筑前，原基础表面应清理干净；

③ 后浇混凝土强度等级不低于 C25。

3.2.5　局部托换

（1）加固目的

在原基础两侧重新砌筑或浇筑新基础，并通过托换梁承担局部墙体荷载。

（2）方法与技术途径

在原基础两侧挖坑并另做新基础，然后通过钢筋混凝土抬梁将墙体荷载部分转移到新基
础上。本加固方法适用于一般条形基础、独立基础。如图 3-4 所示。

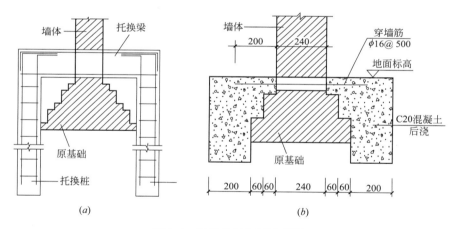

图 3-4　局部换托加固示意图

（a）短桩托换；（b）混凝土基础托换

（3）技术措施（以混凝土基础托换为例）

1）施工顺序：

在原基础两侧挖槽→槽边修整，槽底夯实→托换部位墙体根部凿孔→穿托梁钢筋→槽内
浇筑混凝土→回填→修复地面。

2）技术要点：

① 基础两侧挖槽宽度不小于 200mm，深度不小于原基底以下 150mm；

② 穿墙托梁高度不小于 120mm，宽度不小于 300；

③ 混凝土浇筑前，原基础表面应清理干净；

④ 后浇混凝土强度等级不低于 C25。

3.3 房屋整体性加固

3.3.1 常见问题

农村危房(窑)的整体性普遍较差,主要表现在以下三个方面:

(1) 竖向承重墙体之间咬合不好,很多纵横墙连接部位有竖缝,相互之间没有拉接,地震时各自为政,不能协同工作,容易发生倒塌;

(2) 楼(屋)盖的自身整体性不好,如屋架、梁架几何稳定性差,节点老化、松弛,构件歪斜等;

(3) 楼(屋)盖与竖向承重墙体之间连接不好、相互约束较差,楼屋盖的支承长度不够,墙体顶部支座稳定性不足等。

3.3.2 配筋砂浆带整体加固

(1) 加固目的

修复墙体连接部位裂缝,增强墙体连接部位强度与刚度,提高房屋整体性与抗倒塌能力。

(2) 方法与技术途径

在纵横墙连接部位或房屋四角设置竖向配筋砂浆带,在墙根、墙顶或洞口过梁位置处设置水平配筋砂浆带,水平与竖向砂浆带对房屋形成空间"整体捆绑"式加固。此法适用于生土墙、砖墙、石墙、砌块墙房屋的抗震加固。图 3-5 为配筋砂浆带整体加固示意图,图 3-6 为甘肃临洮县乡土民居加固示范照片。

图 3-5 配筋砂浆带整体加固示意图　　　　图 3-6 土木结构整体加固示范

(3) 技术措施

1) 施工顺序:

加固部位弹线→铲除墙面抹灰→钻穿墙孔→清理墙面→设置穿墙拉接钢筋→注浆固定穿

墙筋→敷设纵向钢筋→与穿墙钢筋绑扎→分 2~3 次抹水泥砂浆→表面压光→砂浆带养护。

2）技术要点：

① 条状配筋砂浆带宽度不小于 200mm，房屋内角"L"形单肢配筋砂浆带宽度不小于 250mm，房屋外凸四角"L"形单肢配筋砂浆带的宽度不小于 400mm；

② 条状配筋砂浆带纵向钢筋 2φ10；"L"形配筋砂浆带纵向钢筋 5φ10；

③ 穿墙拉接钢筋竖向间距不大于 500mm，钻孔位置应在砖墙灰缝位置；

④ 抹面砂浆强度应不低于 M10，厚度不应小于 40mm；

⑤ 水平配筋砂浆带与竖向配筋砂浆带同时设置时，水平带纵向钢筋应在竖向带中可靠锚固。

3.3.3 型钢整体加固

（1）加固目的

增强主要受力构件与关键部位承载能力，加强构件之间的连接，提高房屋的整体性与抗倒(坍)塌能力。

（2）方法与技术途径

1）方法一：对墙体进行整体加固。

在纵横墙连接部位、房屋四角采用角钢与钢板进行竖向加固，在墙根、墙顶或洞口过梁位置处进行水平加固，水平与竖向加固构件焊接形成整体。此法适用于对砖墙、石墙、土墙的整体加固。图 3-7 为采用角钢、钢板加固砖木结构的示范照片。

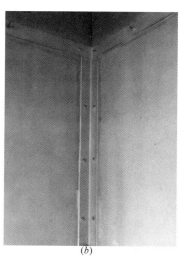

(a)   (b)

图 3-7　型钢加固砖木结构危房

（a）房屋外侧；（b）房屋内侧

图 3-8 是采用小截面槽钢、薄钢板对生土墙体进行整体加固与约束的示意图。对单层土木结构房屋，采用轻型槽钢，截面高度取 120mm，槽口对墙，事先在土墙上刻槽，将槽钢翼缘嵌入槽内，墙外设置墙揽，内外对拉紧固即可。

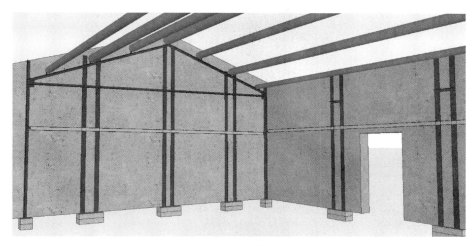

图 3-8　型钢加固土木结构危房示意图

2）方法二：对木楼盖与墙体连接部位进行整体加固。

图 3-9 是采用槽钢、角钢、薄钢板对砖木结构危房进行整体加固的方案设计。该类型民居在关中地区非常典型，单层，三开间，进深约 6~7m，层高较大（檐口高度超过 4m，屋脊高度超过 6m）。两端山墙采用硬山搁檩，中间有两榀三角形木屋架。由于房屋整体性较差，出现墙体开裂及纵横墙脱闪现象，加上屋面渗水，需加固维修。

主要采取的加固维修措施包括：采用型钢与薄钢板在檐口部位夹墙紧固，形成圈梁；在山尖墙部位夹墙紧固，形成立柱；在屋架下弦下方设置钢拉杆，增强前后墙拉接；在屋架之间、屋架与山尖墙之间设置角钢剪刀撑，使屋架之间形成整体。

图 3-10 是该砖木结构危房在加固过程中安装槽钢圈梁的照片。图 3-11 是加固完成后的情况，可以看到木屋盖的整体性有了大幅改善。

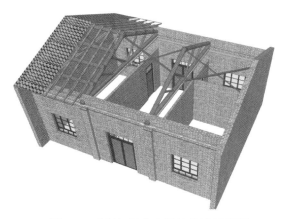

图 3-9　型钢加固土木结构危房示意图

图 3-10　型钢加固土木结构危房示意图

3）方法三：对预制混凝土构件进行加固。

在承重墙顶（梁、檩或板底）采用穿墙螺栓固定角钢，可增加梁、檩或楼板的支承长度，

图 3-11　型钢加固土木结构危房示意

同时也能提高房屋的整体性。此法适用于砖墙、石墙、砌块墙上支承有混凝土楼板、混凝土梁或木构件等情况，如图 3-12 所示。

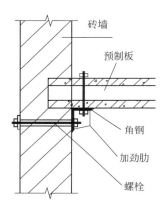

图 3-12　角钢支托加固预制板示意

① 施工顺序：

角钢上钻孔→墙顶穿墙孔定位→钻穿墙孔→清理墙面→设置穿墙螺杆→注浆固定螺杆→安装墙顶两侧角钢→螺栓固定。

② 技术要点：

角钢不小于∟75×5；墙内钻孔直径 14mm，连接螺栓直径 M12；穿墙螺栓间距不大于300mm，钻孔位置应在砖墙灰缝位置。

3.3.4　拉杆(索)加固

(1) 加固目的

通过拉杆(索)对房屋进行水平方向紧固，可以增强内外墙体之间的连接，或主体结构与围护墙体之间的拉接，防止围护墙体在地震时外闪、倒塌；可以加强楼板或屋盖的水平刚度，增加楼板、屋盖与房屋的整体性。

（2）方法与技术途径

1）方法一：拉杆加固

钢拉杆加固方法在砖混结构、砖木结构中使用较多。拉杆一般在横墙顶部设置，可以与外圈梁配合使用也可以单独使用，宜在每道横墙处布置两根钢拉杆(一侧一根)；房屋山墙有外闪迹象时，也可以采用两根钢拉杆与内横墙拉接。以上方法适用于砖墙、石墙、砌块墙房屋加固。图 3-13 为采用钢拉杆、外设圈梁加固砖混结构危房的示意图，图 3-14 为加固砖木结构危房的示意图。

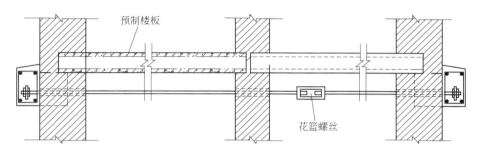

图 3-13　钢拉杆、外设圈梁加固砖混结构危房

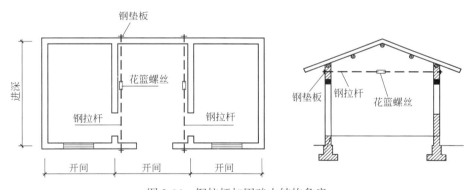

图 3-14　钢拉杆加固砖木结构危房

钢拉杆加固的材料主要有三样：钢拉杆、花篮螺栓、锚固件。钢拉杆一般采用普通光圆钢筋(HPB300 级)制作，直径不宜小于 14mm，花篮螺栓应购买成品。钢拉杆应在檐口高度靠近横墙布置，与花篮螺栓先要连接，钢拉杆端部在纵墙外侧锚固后，人工转动花篮螺栓以施加紧固力，单根钢拉杆建立的张拉力不应小于 200kg

主要施工工序为：材料准备→墙顶穿墙孔定位→钻穿墙孔→安装穿墙钢拉杆→钢拉杆端部锚固→转动花篮螺杆。

2）方法二：拉索加固

传统木结构、土木结构民居中，也可采用钢拉索进行加固。图 3-15、图 3-16 为云南大理采用拉索加固木结构的照片。当地多为两层穿斗式木结构民居，围护墙为夯土或土坯，常见问题是木结构容易变形歪斜，木结构与围护墙之间没有拉接，加上当地地震设防烈度较高，

8 度或 8.5 度地区较多，因此通过加固提高房屋的抗震性能很有必要。

图 3-15　拉索加固木结构危房（一）

图 3-16　拉索加固木结构危房（二）

当地采取的主要加固技术措施为：在二层木柱节点位置套上铁箍，铁箍上安装花篮螺丝，通过花篮螺丝与钢丝绳将横向木构件之间水平交叉紧固，以提高木构架之间的整体性。

3.3.5　墙揽加固

（1）加固目的

通过增设墙揽，可以将墙体之间相互拉结，或将构造柱与墙体之间相互拉结，还可以将后设的加固构件与原墙体之间相互拉结，提高房屋的整体性。

（2）方法与技术途径

传统砖木结构民居中的墙揽种类很多，形状各异（图 3-17 为关中传统民居的墙揽），一般由铁匠锻打而成，主要起到拉结墙内木柱与外墙的作用。

在当前土木结构危房加固中，可以借鉴以上传统做法，也可以采用角钢、槽钢或木板制作墙揽，通过穿墙铁丝或钢筋与内墙或主体结构拉接。此法适用于各种墙体承重结构，或木

图 3-17 关中传统民居中的墙揽

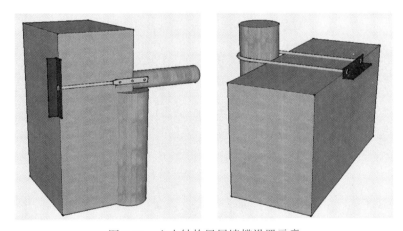

图 3-18 土木结构民居墙揽设置示意

构架承重、围护墙为土墙、砖墙或石墙的结构。图 3-18 为增强木构件与围护墙体拉结，设置的角钢墙揽示意图。

技术措施：角钢截面尺寸不小于∟60×5，长度不小于 300mm；拉杆直径不小于 12mm；角钢与拉杆通过螺栓可靠紧固。

施工顺序：材料准备→穿墙孔定位→钻穿墙孔→安装拉杆→墙揽安装→两端紧固。

3.3.6 硬山搁檩加固

（1）加固目的

提高山墙的自身稳定性，防止地震时山尖墙外闪；加强山墙与纵向檩条的连接，防止檩条在地震时发生转动或移位。

（2）方法与技术途径

"硬山搁檩"坡屋顶形式在全国各地民居中采用较多，主要是因为房屋山墙、横墙砌好后即可架设檩条，檩条上铺设木椽后即可盖瓦，施工相对简单方便(图 3-19)。但这类民居的整体性与抗震性能较差，表现在：木檩条直接浮搁在山尖墙上，与墙体没有连接，墙体对檩条没有约束；屋顶坡度较大时，山尖墙竖向高度过大，自身极不稳定，当地震沿房屋纵向发生时，山尖墙非常容易外闪、倾倒(图 3-20)。

图 3-19　"硬山搁檩"做法

图 3-20　"硬山搁檩"民居震害

加固方法与技术途径：在山尖墙顶部设置爬山圈梁；在山墙中部增设扶壁柱进行稳定性加固；在脊檩下面设置竖向剪刀撑加强；或山墙外设置墙揽。有条件时，以上加固措施可组合使用。图 3-21 为采用混凝土内支撑加固"硬山搁檩"砖木结构民居的设计方案。

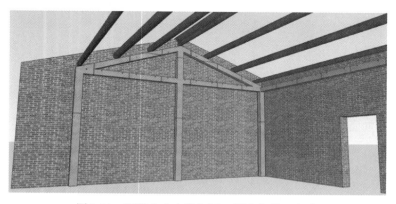

图 3-21　混凝土内支撑加固"硬山搁檩"危房

硬山搁檩民居的危险主要来自山尖墙，地基出现不均匀沉降或遭遇地震时，山尖墙可能发生外闪，导致墙倒屋塌。因此如何有效约束山尖墙是硬山搁檩民居加固的重点。图 3-22 是课题组在陕西大荔的加固示范，通过设置型钢内支撑，使外山墙与内山墙之间，或外山墙与中间屋架之间形成整体，可有效约束和保护山尖墙，同时型钢做的小阁楼还可上人、搁物。

图 3-22　型钢加固"硬山搁檩"危房

3.4　砖石墙体加固

3.4.1　常见问题

（1）墙根碱蚀。在西北干旱半干旱地区，墙体根部碱蚀是一种常见病害，有泛霜、泛白等多种表现形式，严重时墙根表面大片起鼓、粉化、剥落，甚至危及结构安全。

（2）墙体开裂。墙体裂缝成因很多，有受力裂缝，如拉裂、压裂或剪裂；有非受力裂缝，如温差应力引起的窗角裂缝，砂浆干缩引起的裂缝，墙体冻胀裂缝等。形状上看，有水平裂缝、竖向裂缝、斜向裂缝。墙体开裂的另一个主要原因是地基基础的不均匀沉降。裂缝对墙体的强度、刚度与完整性有很大影响。

（3）墙体变形。地基基础不均匀沉降、墙体砌筑水平差、受力不均、墙体之间无拉接等都会造成墙体变形，也可能是地震破坏导致。墙体变形包括墙体平面内倾斜，平面外倾斜，空间扭曲，相互之间脱闪等表现形式。墙体变形一般伴随着严重开裂，对房屋的整体性、稳定性影响较大，危险性很高。

（4）墙体承载力不足。主要原因：一是砌筑灰浆强度不够导致，如有些承重砖墙采用白灰砂浆、泥浆砌筑，或使用很少水泥，灰缝抗剪强度主要靠摩擦力，根本达不到最低要求；二是墙体厚度不够导致，如有些农房采用 120mm 厚砖墙承重；三是墙体洞口设置过多过大，使得窗间墙、门间墙宽度不够导致。

3.4.2　砂浆面层加固

（1）加固目的

修复墙体裂缝，提高墙体抗剪强度与刚度，较大幅度提高房屋整体性与抗震性能。

（2）方法与技术途径

在墙体的一侧或两侧采用水泥砂浆面层、配筋砂浆面层进行加固。高强度水泥砂浆面层适用于对砖石墙体破损部位的修复，或针对较大范围承重墙体的抗震加固。

当局部墙体损毁严重需要加固，或需要大幅度提高承重墙体的强度与刚度时，可采用双面配筋砂浆面层对一片墙或几片墙进行加固，俗称"夹板墙"加固（图 3-23）。

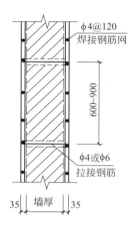

图 3-23　"夹板墙"加固砖墙

（3）技术措施（以双面配筋砂浆面层加固为例）

1）施工顺序：

墙面修整→水平、竖向筋弹线定位→钻穿墙孔→注浆固定穿墙筋→敷设水平、竖向纵筋→与穿墙筋绑扎→墙面清理→分两、三次抹水泥砂浆→表面压光→养护。

图 3-24　面层竖向钢筋的锚固

2）技术要点：

① 水平、竖向纵筋采用φ6@250 或成片钢筋网片，墙体边缘部位每侧纵向钢筋另加2φ10；

② 穿墙拉接钢筋可取φ4 冷拔筋或φ6 钢筋，水平、竖向间距不大于 600mm；

③ 抹面砂浆强度不低于 M10，单侧厚度不应小于 35mm；

④ 竖向钢筋在室内外地面应有可靠锚固，锚固深度不小于 200mm。如图 3-24 所示。

3.4.3　配筋砂浆带加固

（1）加固目的

修复砖石墙体局部裂缝，增强墙体连接部位与主要受力部位强度与刚度，提高房屋整体性与抗倒塌能力。

（2）方法与技术途径

采用前述的双面配筋砂浆面层加固方法的不足之处在于：一是加固后的墙体强度、刚度一般偏大，加固费用也较高；二是整个加固面层会将墙体原来的材料质感、色彩全部掩盖，有悖于传统民居的风貌保护原则。

因此，当不需要对整面墙体进行加固时，可采用配筋砂浆带对墙体主要受力部位进行加固修复。也可以采用砂浆面层对房屋内墙进行加固，采用配筋砂浆带对外墙进行加固。图3-25为砖木结构危房采用配筋砂浆带加固的照片。

图3-25　配筋砂浆带加固砖木结构危房

配筋砂浆带还可以用来加固空斗墙民居。图3-26为课题组进行的空斗墙民居加固试验，试验结果表明，采用配筋砂浆带对单层空斗墙民居进行加固，完全可以做到"小震不坏、中震可修、大震不倒"的设防目标，同时保留了空斗墙的外在质感与建筑风貌。

（3）技术措施

① 砖墙有抹灰层时，应事先在水平与竖向配砂浆带的位置铲除抹灰层，可以采用手提切割机刻槽铲除；

② 配筋砂浆带宽度、厚度：配筋砂浆带宽度一般不小于30cm。房屋内侧厚度为30mm（当墙面原粉刷层较薄时可凸出墙面），室外厚度为40mm；

③ 钢筋配置：配筋砂浆带纵筋不少于3φ8；箍筋为φ6、间距25cm；穿墙拉结筋为φ6、间距不大于600mm；

图3-26　配筋砂浆带加固空斗墙民居试验

④ 钢筋网片安装时，箍筋朝里并适当留出空隙灌浆，防止出现露筋；

⑤ 水泥砂浆强度：不小于 M10，砂料规格为洗净的中粗砂；

⑥ 砂浆带养护：配筋砂浆带完工 12h 之后，至少每天养护一次，连续养护 5d 以上，保证砂浆凝固效果。

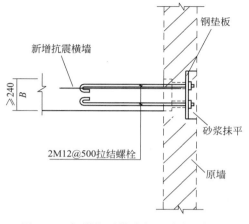

图 3-27　新增抗震横墙与原纵墙的拉结

3.4.4　重砌或增设墙体加固

（1）加固目的

对强度过低、现状质量很差的局部墙体可拆除重砌；横墙间距过大导致房屋抗震能力严重不足的可增设抗震横墙。

（2）方法与技术途径

增设抗震横墙，一是新增墙体的砌筑质量要好，砂浆强度要高（一般不低于 M7.5），二是新增墙体与原墙之间要可靠拉结。

图 3-27 为新增抗震横墙与原纵墙的拉结构造示意图。

3.4.5　增设扶壁柱加固

（1）加固目的

当墙体过长、过高或出现轻微歪闪时，可在墙体的一侧或两侧增设扶壁柱进行加固。

（2）方法与技术途径

扶壁柱可采用砖砌或混凝土浇筑。

在房屋外侧设置时，因为可以不受尺寸限制，采用砖砌较为简便。在室内设置时，为尽可能减少截面尺寸，建议采用混凝土浇筑。

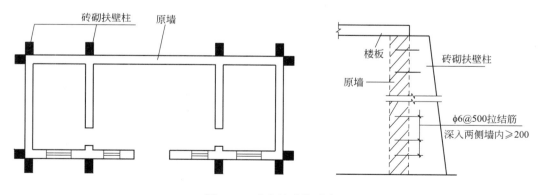

图 3-28　砖砌扶壁柱示意

增设扶壁柱的施工关键是要做好扶壁柱与原墙的拉结（图 3-28）。在室内设置混凝土扶壁柱时，截面尺寸不小于 200mm×240mm，纵向钢筋不小于 4φ10，箍筋不小于 φ6@250，混凝土强度等级不低于 C25。

3.4.6 墙体裂缝修复

（1）修复目的

减轻由于开裂对墙体整体或局部承载能力的影响；阻止裂缝继续扩延；提高房屋的耐久性能；消除住户在观感上造成的不良影响。

（2）方法与技术途径

根据裂缝宽度、长度、类型、成因，可采用局部抹灰或配筋抹灰、压力灌浆、拆砌等方法进行修复。

1）方法一：表面抹灰处理，裂缝细小时采用。

通常做法是用尖锐工具将裂缝扩大成倒锥形，填入水泥浆后抹平即可。对室内微小裂缝，也可以采用贴网格布后抹弹性腻子的方法处理。如图 3-29 所示。

2）方法二：内部注浆处理，裂缝较深、较宽时采用。

有条件时采用灌浆设备进行灌注，没有条件时可以采用矿泉水瓶自制注浆器，也可以采用薄铁片自制楔形注浆器。注浆时，灌浆口以下裂缝表面必须事先采用水泥砂浆或石膏封堵。

3）方法三：中间阻断处理，裂缝较长时采用。

即在裂缝线上间隔一定距离，凿掉一、二皮砖，采用混凝土塞填结实。也可以将砖墙表面抹灰凿掉，两侧采用穿墙螺杆紧固薄钢板加固。如图 3-30 所示。

图 3-29　表面抹灰处理

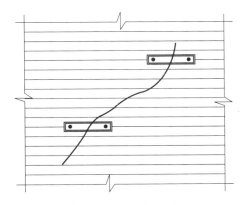

图 3-30　钢板局部加固

4）方法四：加筋补强加固，对关键受力部位的裂缝可以采用。

即在裂缝两侧钻孔，布置穿墙拉筋，垂直于裂缝方向设置墙面短钢筋，将墙面短钢筋与穿墙钢筋焊牢，再抹 30mm 以上高强水泥砂浆保护。以上做法像是一个"钢筋拉链"，将裂缝两侧的墙体拉接在一起。如图 3-31 所示。

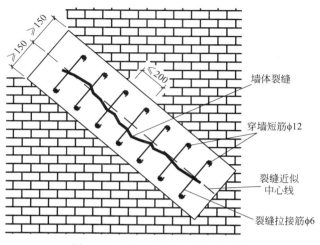

图 3-31　"钢筋拉链"式加固处理

3.5　生土墙体加固

3.5.1　常见问题

（1）强度偏低，如水平抗剪承载力不够，局部抗压承载力不够；

（2）属于脆性材料，自身几乎没有变形能力与抗倒塌能力；

（3）墙体自身干缩裂缝较多，墙体交接处竖向通缝较多，房屋结构的整体性较差；

（4）耐久性能很差，容易受潮、剥落、碱蚀、开裂等。

3.5.2　砂浆面层加固

（1）加固目的

修复生土墙体裂缝，提高生土墙体抗剪强度与刚度，大幅度提高房屋整体性与抗震性能。

（2）方法与技术途径

基本方法同本书节砖墙的砂浆面层加固。不同之处是抹水泥砂浆之前，应对土墙表面进行清理，并涂刷水玻璃一到两遍。

对生土墙体采用"夹板墙"加固的方法，并非理想的加固方案，主要是完全隔绝了生土墙体的"可呼吸"性能，且丧失了生土墙体纯朴的外在质感，因此非不得已不宜大面积使用。图 3-32、图 3-33 是采用砂浆面层加固生土民居的案例。

陕西蓝田县在危房民居加固中，采用单面水泥钢筋网对土墙进行加固修复，施工工序为：清理土墙表面→表面洒水稍稍湿润→土墙上钉钢丝网→抹 15 ~ 20mm 厚水泥砂浆→养护三日→水泥砂浆表面抹腻子→刷黄泥涂料（专门配制）。如图 3-34 所示。

湖北远安县在加固夯土墙的试点实践中，也采用单面水泥砂浆面层，与上述方法不同的

图 3-32　南方某生土民居(加固前)

图 3-33　南方某生土民居(加固后)

是没有采用钢丝网片,而是先在土墙上钉钉子,钉子梅花形布置,间距约 200～250mm,再在钉子头上缠绕细铁丝。如图 3-35 所示。

图 3-34　陕西蓝田夯土墙体加固修复

53

图 3-35　湖北远安夯土墙体加固修复

以上两种办法都有助于提高生土墙体的耐久性能。能否有效提高墙体强度，要看水泥砂浆面层与土墙的粘结水平。如果两者粘结不好，两张皮，则抗剪强度不会增加。

综合起来，如果考虑使用钢筋网片，建议采用普通钢钉钉入土墙的做法，钢钉用螺旋纹形杆身，直径不小于 3.0mm，砸入墙内不小于 60mm，钢钉间距不大于 200mm；成品钢丝网片或铁丝应绷紧，并与钢钉连接牢靠。也可采用冷拔钢筋加工成 U 形，砸入土墙中以锚固钢筋网片。

3.5.3　配筋砂浆带加固

（1）加固目的

提高生土墙体承载力与抗倒塌能力，修复墙体局部出现的裂缝、剥落等缺陷。

（2）方法与技术途径

配筋砂浆带的布置同本书 5.3 节。不同之处是因为土墙一般较厚，可以刻槽设置隐形配筋砂浆带，刻槽深度一般 40～50mm。施工时，先使用手提切割机切缝，再用小锄头将两缝之间的土铲掉（图 3-36）。槽内清理后，钻孔布设穿墙拉结筋（图 3-37），刷水玻璃两遍，布置纵向钢筋，再抹水泥砂浆。

图 3-36　土墙切缝刻槽　　　　　图 3-37　土墙钻孔穿筋

图 3-38 为课题组在甘肃临洮采用配筋砂浆带加固土坯墙体民居的照片。

图 3-38　配筋砂浆带加固土坯墙体

3.5.4　重砌或增设墙体加固

（1）加固目的

对现状质量很差的局部墙体可拆除重砌，横墙间距过大导致房屋抗震能力严重不足的可增设抗震横墙。

（2）方法与技术途径

拆除重砌时，一是要做好临时支撑措施，如果墙上有楼板或木檩条，一定要支撑到位，万无一失时方可拆除；二是重砌的墙体质量要好，如果采用砖墙，不应小于 240mm 厚，砂浆强度等级不低于 M7.5；三是重砌的墙体与相邻墙体之间要做好拉接，最好能形成马牙槎，不应在接面处形成竖向通缝。

横墙间距过大，一是导致外纵墙过长，缺乏平面外支撑，地震时容易歪斜或者倾倒；二是房屋纵墙承担的荷载较大，正常使用时可能产生局部受压裂缝；三是屋架或柁梁承担的屋面荷载过大，容易变形或损坏。增设横墙的注意事项同前所述。

3.5.5　木龙骨加固

（1）加固目的

提高生土墙体的承载能力、变形能力，及遭遇地震时的抗倒塌能力。

（2）方法与技术途径

1）方法一：刻槽嵌入式加固。

在生土墙体两侧表面刻槽，嵌入水平、竖向木龙骨或木板条，节点部位钻孔，采用穿墙螺杆或铁丝将两侧木龙骨、木板条紧固。课题组曾经做过好几组采用这种办法加固土坯墙的试验，如图 3-39 所示。

图 3-39　木龙骨带加固土坯墙体

（a）原型土坯墙(未加固)；（b）木板条加固土坯墙(一)；（c）木板条加固土坯墙(二)；（d）木龙骨加固土坯墙

试验表明：加固后木板或木龙骨可以有效约束土墙的变形，即使变形较大，但也能继续承载，且土坯很少剥落；土墙本来没有延性，但加固后墙体的延性(变形能力)显著提高，地震时的耗能能力显著提高；水平抗剪承载力比未加固的墙片提高了好几倍。

2）方法二：木龙骨墙外加固(此部分内容参考云南昭通采用的危房加固办法)。

即在生土墙体内外侧夹木龙骨(图 3-39d)，主要技术措施如下：

① 木龙骨截面尺寸不宜小于 75mm×75mm，水平间距不宜大于 3.0m，竖向可在半层位置与墙体顶部各布置一道；

② 竖向木龙骨应在地面处挖坑做基础，埋置深度不小于 150mm，木龙骨根部 500mm 长范围应做防腐处理；

③ 木龙骨可以通过在土墙上刻槽，完全嵌于土墙之内，也可以嵌入土墙内一部分，也可以完全置于土墙之外，对土墙予以约束和支撑。

3.5.6　内支撑加固

（1）加固目的

通过在房屋内部设置木构架、混凝土小框架或轻钢框架，对生土墙体形成内支撑，提高房屋的刚度、变形能力与抗倒塌能力。

必要时还可以改变原结构的荷载分布与传力方式，分担生土墙体承受的荷载，以达到保护生土墙体、延缓生土墙体破坏的作用。

（2）方法与技术途径

1）方法一：木框架内支撑加固。

木框架内支撑由木柱、木梁、斜撑及连接件组成，如图 3-40 所示。具体做法如下：

图 3-40　木框架内支撑加固土木结构危房（一）

① 木柱截面尺寸不小于 120 mm×120mm（也可采用两根木枋合起来使用），木梁不小于 80mm×120mm，斜撑不小于 50mm×80mm，木柱间距取 2m 到 3m 之间，不宜过大；

② 节点采用榫卯连接，并用一根φ8 螺栓紧固；柱间采用剪刀撑，或 K 形支撑，以提高侧向刚度；

③ 柱底处，挖小坑做混凝土小基础，也可采用角钢将木柱柱根固定于原水泥地面，如图 3-41 所示。

图 3-41　木框架内支撑加固土木结构危房（二）

木梁顶面与原楼面檩条（有些地方叫"楼愣子"）之间用小方木塞紧，也可采用小角钢将木梁与原楼面檩条连接紧固；房屋转角处，可在两个方向的木梁之间设置水平小斜撑，以增强木梁水平位置的刚度，如图 3-42 所示。

2）方法二：钢筋混凝土小框架内支撑加固。

内支撑还可以采用钢筋混凝土小框架的形式进行加固。图 3-43 为陕西大荔县的一户示范工程，单层、单坡土木结构，在房屋四角及屋架之下贴墙现浇小截面混凝土异形柱（扁柱），柱顶用现浇混凝土扁梁连接在一起，形成一个内支撑框架。

3）方法三：轻钢结构内支撑加固。

同样，轻钢结构也可以作为内支撑使用。图 3-44、图 3-45 为陕西蓝田县的一个农村危房

图 3-42　木框架内支撑加固土木结构危房(三)

图 3-43　钢筋混凝土小框架内支撑加固土木结构危房

加固示范工程，通过在室内设置轻钢结构阁楼，不但增加了农户的建筑使用面积，而且将房屋原来墙体、木构架、屋盖与轻钢结构连接在一起，大大提高了农房的整体性能，对易倒易裂的生土墙体也起到了很好的约束与保护作用。

图 3-44　轻钢结构内支撑加固土木结构危房(一)

图 3-45 轻钢结构内支撑加固土木结构危房(二)

3.5.7 增设扶壁柱加固

（1）加固目的

提高生土墙体的稳定性，增强房屋在地震时的抗倒塌能力。

（2）方法与技术途径

当墙体过长、过高或出现轻微歪闪时，可在墙体的一侧或双侧增设扶壁柱进行加固，扶壁柱宜采用砖砌或混凝土浇筑。如图 3-46 所示，在新疆有很多生土建筑的外侧，就利用扶壁柱做成拱券形式，既有建筑特色，又具有提高墙体稳定性的作用。

图 3-46 生土墙体外侧的扶壁柱(拱券)加固

1）方法一：砖砌扶壁柱加固

在建筑外侧采用砖砌扶壁柱时，柱截面尺寸不宜小于 240mm×490mm（柱宽×柱长），柱长一般不小于柱高（支挡高度）的 1/6，且柱长向应垂直于土墙墙面；砖砌扶壁柱可以做成变截面，底部长一些，向上逐渐以台阶状缩小，但最小长度不应小于 240mm；砖扶壁柱的最小间距不宜大于 4.5m，山墙部位一般宜设置 3 处；砂浆强度不应小于 M10；扶壁柱底部基础应做牢固；砌筑扶壁柱之前，应将与柱紧贴的土墙表面进行修正，浮土浮渣应清理干净。

2）方法二：混凝土扶壁柱加固。

当采用混凝土扶壁柱时，柱截面尺寸不宜小于 250mm×400mm；混凝土强度不应小于 C25；柱配筋不小于 4Φ12，箍筋不小于Φ6@200；扶壁柱底部基础应做牢固，且基础埋置深度不应小于 500mm。其余要求同砖砌。

3）方法三：土坯墙扶壁柱加固。

在一些贫困地区，也可以使用土坯砌筑的扶壁柱。此时，柱宽不小于 600mm，柱长（底部）不小于 1000mm。原土墙与扶壁柱之间可以使用棉花秆、树枝条等相互拉结。生土墙外侧的扶壁柱加固布置如图 3-47 所示。

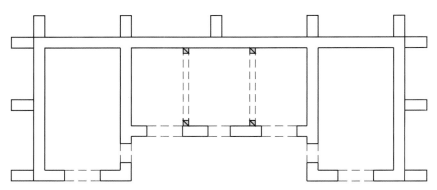

图 3-47　生土墙外侧的扶壁柱加固布置图

3.5.8　墙体裂缝修复

（1）加固目的

修复墙体局部出现的裂缝、剥落等缺陷，提高生土墙体承载能力与耐久性能。

（2）方法与技术途径

裂缝较宽时，可先采用草泥塞填处理；裂缝宽度较小时，可采用水泥浆、石膏浆或水玻璃等材料灌缝处理。

1）方法一：水玻璃注浆加固。

材料：水玻璃、水泥、干净黏土、水。

工具：筛子（孔径 2mm 以下，用于将土筛分，取细粒土）、自制灌浆槽（可采用铁皮折叠成槽状，端部做成尖口，便于插入裂缝中）抹子若干，其余工具如图 3-48 所示。

对宽度在 15mm 以上的大裂缝，采用水玻璃、水泥、干净黏土与水混合灌缝，水玻璃：水泥：黏土＝1∶2∶2（体积比）。先将等量水泥、黏土混合后，加两倍左右的水（以保证有良

图 3-48　生土墙体裂缝修复材料及工具

好的流动性为宜），最后加水玻璃，水玻璃的量为所加水量的 1/3。

应特别注意，灌缝前应将裂缝采用泥浆封堵，在上部留出灌浆口；每次灌浆高度不应高于 1m，否则压力太大，裂缝底部容易跑浆。水玻璃加注后，搅拌均匀，在 5mim 内应灌注完毕，否则混合浆体容易变稠、结硬。如图 3-49 所示。

图 3-49　生土墙体裂缝灌浆修复

对宽度在 5~15mm 的较大裂缝，采用水玻璃、水泥与水混合灌缝。水玻璃∶水泥∶水 = 1∶1∶3（体积比）；先混合水泥、水，最后加水玻璃。注意事项同上。

同样可以采用简易的铁皮灌浆槽。也可以使用专门的注浆器，汶川地震后，市面上出现很多便携式注浆器，有电动的，有手摇式的，都可以用。

对于 5mm 以下的细裂缝：采用水玻璃、水混合灌缝。水玻璃∶水 = 2∶3（体积比）。这种情况最好采用压力灌浆，除上面的简易设备外，市面上还有一种特大号的注射针管，一管子能装 1L 多，也可以用来注浆使用。

2）方法二：石膏浆加固

材料：建筑石膏，抗压强度在 4MPa 以上；石膏∶水 = 1∶1（体积比），水温应在 30~40℃，充分搅拌后，立即灌缝。其他注意事项同前。图 3-50 是课题组前些年采用石膏浆灌注土坯墙的试验，可以看到，石膏浆在干硬后将土坯之间的缝隙全部密封，因此石膏灌缝是生土墙体裂缝加固修复的好办法。

图 3-50 生土墙体裂缝

3.6 木结构与构件加固

3.6.1 常见问题

（1）木构件严重开裂，常见为木材由于干缩引起的纵向裂缝；
（2）木构件由于老化、腐朽等原因导致承载能力严重不足；
（3）节点老化、松弛或受损，不能保持正常工作与受力状态；
（4）木柱根部长期受潮，出现严重糟朽；
（5）木构架整体或局部歪斜；
（6）木构架与围护墙体没有可靠连接等。

3.6.2 木构件裂缝嵌补修复

（1）修复目的
填充木构件的纵向裂缝，防止水分的渗入和裂缝的继续开展，提高木构件的耐久性能。
（2）方法与技术途径
木构件纵向干缩裂缝较大时，如表面裂宽超过 5mm 的，可用楔状木条嵌补，并采用粘结剂粘牢。粘结剂可用环氧树脂、白乳胶、万能胶或水玻璃等材料。木构件表面局部轻微糟朽，将糟朽部分剔除干净后，也可用上述方法嵌补。嵌补后最好采用铁箍、卡箍或铁丝紧固，如图 3-51 所示。
裂缝较小时，可采用木工腻子直接填补，或者挤入玻璃胶修补。

图 3-51　加固夯土墙所需材料及工具

3.6.3　木构件节点加固

（1）加固目的

提高节点的承载能力，减小木构件的变形与节点转动，增强结构的整体性。

（2）方法与技术途径

柱梁（枋）节点、梁檩节点、檩椽节点、屋架节点有变形、松动或不符合连接要求时，可采用扁铁、扒钉、铁丝等材料进行加固，也可以增设斜撑进行加固。

1）方法一：扁铁加固（图 3-52）。

图 3-52　扁铁加固木结构节点

扁铁是加固木结构节点的常用材料，一是容易弯曲成型，与构件表面可以贴紧；二是对节点施加紧固力，提高节点刚度与强度。扁铁可以采用螺杆两侧对拉紧固，也可采用自攻螺丝紧固。当木材材质较差或节点破损较严重时，建议用对拉螺杆紧固。固定扁铁之间，最好对木材表面进行打磨与清理，再涂上一层粘结剂，这样效果更好。

2）方法二：扒钉加固（图 3-53）。

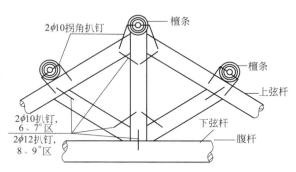

图 3-53　扒钉加固木结构节点

扒钉造价低廉，施工便捷，非常适合对木结构榫卯节点出现连接不牢、有轻微脱榫等现象进行加固。扒钉的型号一般根据被加固构件的尺寸确定，构件直径大于 150mm 时，可采用直径不小于 12mm 的扒钉；构件直径小于 100mm 时，采用直径 6mm 或 8mm 扒钉即可。使用时，为了不影响外观，最好将扒钉钉在隐蔽部位，如檩檩连接或檩椽连接部位的上侧。当木材易裂时，最好先用电钻稍作钻孔，再打入扒钉。

3）方法三：型钢加固。

图 3-54　型钢加固木结构节点

当木结构节点严重受损，或需要较大幅度提高节点刚度时，可以采用小截面型钢进行加固。如图 3-54 所示。

3.6.4　柱根墩接加固

（1）加固目的

将木柱柱根糟朽部分截掉，换上新木料，以便继续支撑上部结构。

（2）方法与技术途径

古建筑修复中常用的做法是半榫墩接，可以借鉴。具体方法是：将接在一起的柱料各切去直径的 1/2 作为搭接部分，搭接长度一般取柱径的 1~1.5 倍，端头做半榫，一方搭接部位移位。墩接施工的难点是要在施工过程中，将被加固修复的柱子临时支撑并抬起，墩接完成后再落下归位。抬起木柱的方法有人工杠杆法，也可以采用小型千斤顶进行顶升。如图 3-55 所示。

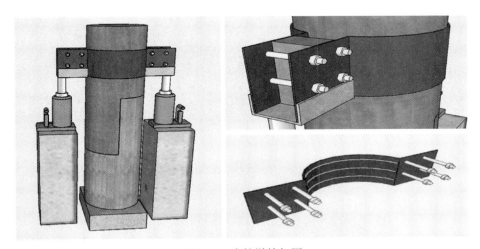

图 3-55　木柱墩接加固

为耐久考虑，有条件时也可采用石墩或混凝土墩与原木柱墩接。

3.6.5　砌墙加固

（1）加固目的

在木构架之间砌筑填充墙体，增强木构架的抗侧刚度，减小木构架的侧向变形。

（2）方法与技术途径

老旧木结构房屋由于节点老化、松弛，容易发生侧移或歪斜。当侧移不是特别严重时，可在木柱之间砌筑部分墙体（砖墙或石墙），以增强房屋抗侧移能力，制止侧移的进一步发展。图 3-56 为黔东南穿斗式民居底层采用砌墙法加固的实例，可供借鉴。

3.6.6　其他方法

（1）目的

对严重损毁、糟朽的木构件应进行更换，以消除安全隐患，维持结构的承载能力；对易受潮、易虫蛀的木构件或部位应进行防腐处理，提高房屋的耐久性能。

（2）方法与技术途径

木结构农房中，木梁、木檩条、木椽子等屋面构件由于受到雨水侵蚀，容易发生腐朽；木柱由于接地且往往与土墙连接在一起，容易吸水受潮，导致发生霉变、腐朽。

图 3-57 为施工人员在加固维修农村危房时，发现隐藏在土墙中的木柱已经完全糟朽，顶

图 3-56　木柱间砌筑砖墙加固

上木梁基本属于架空状态，安全隐患极大。因此必须及早检查，及早更换，更换时应临时支撑。

图 3-57　木柱墩接加固

当木构件存在轻微腐朽或虫蛀时，可在表面涂刷水溶性防腐剂或油性防腐剂，也可用合成树脂涂抹于木材表面，以达到防腐防虫效果。

3.7 危窑加固

3.7.1 常见问题

（1）地基出现问题。独立式窑洞地基处理不良，或地基渗水发生湿陷，窑腿出现沉降变形；

（2）边窑腿破坏。主要表现为边窑腿外闪、边洞拱顶下沉变形，拱肩开裂，严重时拱券顶部出现纵向裂缝，此为边窑腿抗侧刚度偏小，不足以抵抗拱券传来的水平推力所致；

（3）窑脸破坏。一是开裂，二是外倾。窑脸一般采用砖石后砌、窑洞檐口挑出过大、雨水渗漏、地基沉降或拱券变形都会引起窑脸外倾；

（4）窑顶破坏。窑洞顶部与周边排水不畅引起的破坏，长期渗水会造成窑内潮湿、霉变，加速窑壁风化、剥蚀，也可能导致冒顶甚至突然坍塌的危险；

（5）地质隐患。对靠山窑来讲，山体或崖面可能存在地质隐患，如滑坡、崩塌或发生泥石流等灾害威胁。

窑洞如果出现前四种危险，可以考虑采用加固维修以提高其安全性能。如果出现第五种情况，则属于重大隐患，一般不具备加固价值，应立即废弃使用。

窑洞加固，应根据窑洞特点、病害情况等，选择科学、合理的方法。总体上，窑洞加固可分为整体加固与局部加固两大类。

3.7.2 土窑洞拱券加固

（1）加固目的

土窑洞一般为靠山窑或地坑窑。加固目的：提高拱券的承载能力，预防窑洞冒顶、坍塌。

（2）方法与技术措施

1）方法一：砖衬券加固。

砖衬券加固就是紧贴原来窑壁，重新砌筑一层砖拱以保护原来土拱券，同时提高窑洞的整体承载力，改善土窑壁易返潮、易脱落的问题。如图 3-58 所示。

主要技术措施如下：

窑洞衬券前，应先对窑体进行临时支护，防止施工期间洞体坍塌。如窑洞内出现轻微坍塌或开裂时，应首先对坍塌部位及裂缝进行处理。

砌筑砖内衬和后墙基础，基础底面宽度不应小于 490mm，深度应根据当地经验

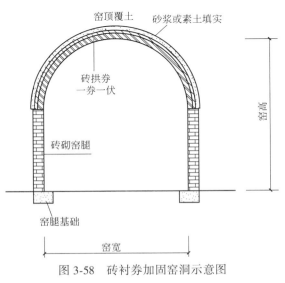

图 3-58　砖衬券加固窑洞示意图

确定。拱脚墙体和后墙墙体的厚度不应小于 240mm，拱券厚度应根据窑洞尺寸、上覆土厚度、土质确定，不应小于 180mm。

砌筑拱券前，应制作拱模，其强度、刚度、稳定性应满足施工要求。拱模安装应稳固，拆装方便。拱券应采用退槎法砌筑，每块砖退半块留槎。砌筑拱券应自两侧向中心对称进行，拱中心位置前后应保持一致，拱券应在 24h 内封顶，拱顶砖宜削成楔形。拱券砖缝空隙应填实。对于砖内衬与原土体之间的空隙，应使用原土填塞夯实。

2）方法二：局部切削加固。

对窑顶局部冒顶掉土部位，可采用拱券切削法进行加固修复：将拱券冒顶区域表层松散土体切削凿除，形成深度约 150mm、宽度约 1m 到 1.2m 左右的拱券槽，再在槽内砌筑 120mm 或 180mm 厚砖拱券，砖拱完成面与原窑面平齐。如图 3-59 所示。

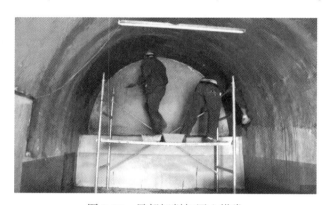

图 3-59　局部切削加固土拱券

3）方法三：柳木弯拱加固。

即在土拱券表面环向刻槽，嵌入弯曲的柳木棍，利用柳木棍的反拱起到加固土窑洞的作用，如图 3-60 所示。具体措施包括：

在土拱券窑肩以上部位沿环向刻槽，槽宽约 70mm，槽深约 80mm；选择长度为拱券曲线周长、直径 50mm 左右的柳木棍，现场弯曲，嵌入槽内；在槽内柳木棍四周塞填草泥。柳木棍弯曲有困难时，可在柳木棍的中间段（弯曲内侧）用手工木锯轻轻锯几个小口，以便降低弯曲难度。锯口高度不能超过柳木棍的半径。

此法可以局部布置，也可以沿窑洞进深每隔 1m 左右设置一道，以达到整体加固的目的。

4）方法四：木支架加固。

由一根木横梁与两根小木柱形成支撑桁架，横梁上纵向架立木椽，木椽紧贴拱券顶部。通过在木柱底部打入木楔以抬高横梁，间接挤紧木椽，以达到支撑土拱券的目的。如图 3-61 所示。

3.7.3　砖石窑洞拱券加固

（1）加固目的

砖石窑洞一般为独立式窑洞。加固目的：提高拱券的承载能力，预防窑洞冒顶、坍塌，

图 3-60　柳木弯拱加固土拱券

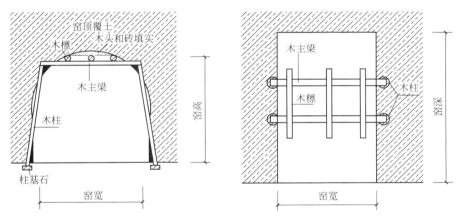

图 3-61　木支架加固窑洞

提高窑壁防水防潮等耐久性能。

（2）方法与技术措施

1）方法一：水泥砂浆内衬加固。

即采用水泥砂浆对窑洞内壁进行分层抹灰加固。砂浆厚度一般不应小于 30mm，配合比 1∶3 以上，强度不小于 M10。可以分 2~3 遍抹灰，抹灰前必须先清除窑体表面浮土，再适当洒水湿润。

水泥砂浆内衬也可以和钢筋网配合使用，环向钢筋与纵向钢筋可取 φ6@200，此时砂浆面层宜适当加厚，建议不小于 40mm。钢筋网应采用短钢筋楔入砖缝或石缝中予以锚固。砂浆表面收光后，应进行充分养护。

2）方法二：钢筋网-混凝土内衬加固。

当砖石窑洞拱券变形较大、开裂较多，或表面剥蚀较为严重时，可采用钢筋网-混凝土内衬加固法进行加固。可采用细石混凝土，厚度 60~80mm，强度等级 C30，建议采用喷射混凝土工艺施工。环向钢筋与纵向钢筋可取 Φ8@200。如图 3-62、图 3-63 所示。

施工工序：清除窑体表面浮土→用片状定石或硬木楔将拱券石缝楔紧→锚固 L 形锚筋（φ6 短钢筋筋制作，砸入石缝中 100mm 即可）→绑扎钢筋网→将钢筋网与 L 形锚筋进行绑扎→混凝土面层分层喷射或支模浇筑→表面收光→面层养护。

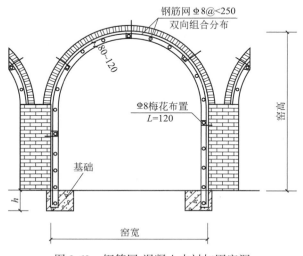

图 3-62　钢筋网-混凝土内衬加固窑洞

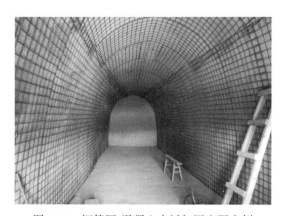

图 3-63　钢筋网-混凝土内衬加固窑洞实例

3）方法三：型钢内支架加固。

可采用轻型热轧槽钢（如腹板高度 140mm，翼缘宽度 58mm）制作，由三段组成，两竖直段为立柱，中间段将槽钢翼缘切割小三角口后弯曲成拱券形状。每段端部有端板，端板之间采用两个螺栓连接，如图 3-64 所示。

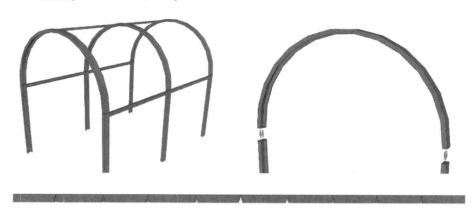

图 3-64　型钢内支架加固窑洞示意

槽钢翼缘切口要求：根据延安窑洞实际大小，中间段槽钢一般可以设 9 处切口，切口成小三角形状，边缘宽度约 25~30mm。拱顶位置(槽钢中间位置)必须设置一个切口。槽钢翼缘切割前必须准确画线，建议在有条件的工厂制作，运送到现场后再根据窑洞拱券弯曲成形。槽钢弯曲成形后，应与两侧立柱连接固定，待固定后，再将翼缘的切口焊接成整体。

施工工序为：清理墙面→水泥砂浆抹面 20~30mm 厚→在确定位置安装槽钢内支架→支架之间纵向连接→支架与窑壁之间塞填并粉刷整齐。

也可采用矩形钢管做内支架。矩形管建议截面尺寸：120×60×4(壁厚为 4mm)。根据现场实际测量的窑洞尺寸，直接在钢结构工厂冷弯成型。三段式拼装也行，一根整体式也行。对于以上两种方案，应根据材料供应、施工条件等充分论证，选择一个较为完善的方案。

4) 方法四：混凝土内支架加固。

钢筋混凝土内支架可以在窑洞内局部设置，可以是单一的拱券，也可以是两两组合的拱券，以达到局部支撑、防止原拱顶砖石脱落，提高窑洞结构安全性能的目的。

主要施工工艺包括：清理窑洞表面；制作倒 U 形钢筋骨架，其弧度与窑洞拱顶弧度保持一致；制作 L 形锚筋或长钉，将 U 形钢筋骨架固定在窑壁的灰缝中；在钢筋骨架外支模板并浇筑混凝土。如图 3-65 所示。

图 3-65　钢筋混凝土内支架加固窑洞

5) 方法五：木横梁加固。

此法是在窑洞内部做木横梁支架，木横梁支撑在两侧的窑腿上，改变窑顶竖向荷载的传力方式。木横梁支架布置如图 3-66 所示。

施工工序：边窑腿外侧地基处理→做扶壁墙→窑肩掏洞→放置加工好的木梁→纵向方木与柳木拱安装→对所有裂缝进行灌浆处理→窑内粉刷。

柳木拱及木枋布置如图 3-67 所示。柳木拱须卡在木横梁两端的卡口上。

3.7.4　窑腿加固

(1) 加固目的

加固或修复窑腿，提高窑腿的抗侧刚度，减小或消除拱券在竖向荷载作用下产生的水平侧移。

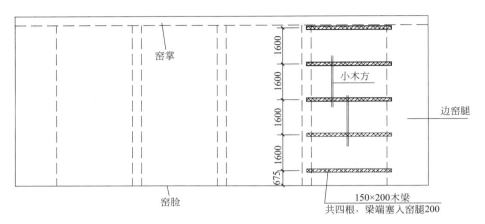

图 3-66　木横梁加固窑洞示意图（一）

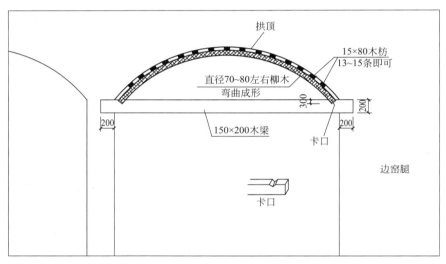

图 3-67　木横梁加固窑洞示意图（二）

（2）方法与技术措施

1）方法一：堆土加固。

当场地条件具备的时候，这是最简单的加固办法。即在边窑腿外侧先处理一定范围的地基，再在其上一边堆土一边夯实，随着高度增高，应下大上小，形成一定坡度。土堆表面及土堆与窑腿连接处应做好防水，不应有雨水灌入。

2）方法二：扶壁墙加固。

扶壁墙一般可采用砖砌或石砌，可以在边窑腿外侧砌两道或三道。扶壁墙的宽度（垂直于窑腿平面）应根据窑腿的侧移情况确定，一般底部不小于边窑腿宽度，向上可以收分。同前所述，砖石砌筑的扶壁墙也一定要事先处理好地基，不能由于地基处理不好，加剧边窑腿的沉降变形。如图 3-68 所示。

图 3-68　扶壁墙加固窑洞边腿实例

3.7.5　窑脸加固

（1）加固目的

减小或消除窑脸与窑洞主体脱开、外闪或塌落危险，同时修复窑脸裂缝，提高窑洞的耐久性能。陕北窑洞口实例如图 3-69 所示。

图 3-69　陕北窑洞檐口

（2）方法与技术措施

窑脸一般采用砖石砌筑，属于窑洞的维护结构，常见问题包括：窑脸券边开裂（主要是边窑部位），窑脸与窑洞主体脱闪，檐口局部塌落，雨水侵蚀导致窑脸表面剥蚀，门窗破损

73

变形，等等。

1）方法一：重砌窑脸。

当窑脸严重损毁时，可以拆除窑脸，按原来风貌重新恢复。拆除时，应对窑洞主体与窑脸接口位置可靠支撑。

2）方法二：窑脸裂缝处理。

采用压力灌浆，裂缝宽度小于 3mm 的采用环氧树脂胶，裂缝宽度大于 5mm 时可采用水泥砂浆灌缝。窑脸根部，由于长期受潮或雨水冲刷，灰缝中的泥土很多都已流失，因此对砖块之间或石块之间的大缝隙应尽量塞填密实。

修复窑脸裂缝，不建议全部采用水泥砂浆抹面，应保留原来砖砌、石砌的乡土风格。

3）方法三：修整窑脸檐口。

檐口整修，应把握几个原则，一是檐口挑出不能太长，这样倾覆力矩较大，容易拉脱窑脸；二是檐口不能做的太重，以免头重脚轻；三是檐口防水应做好，宜结合窑顶覆面层做有组织排水，不能顺檐而下；三是要符合传统风格，不应采用抹水泥、贴瓷片的粗俗做法。

（3）窑脸外闪加固

窑脸一旦外闪，不管采取什么办法，很难回位，因此外闪严重时只能拆除，情况稍轻的可以通过加固使其稳定，不再继续发展。图 3-70 为延安宝塔区一处独立式砖窑，窑脸出现外闪迹象，设计采取的加固方案为钢筋楔子加固法，具体措施如下：

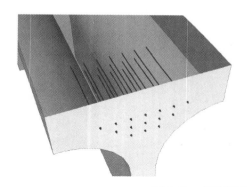

图 3-70 钢筋楔子加固窑脸示意图

用直径为 16mm 的螺纹钢，切割成 1.5~2.0m 长的小截，一端打磨成尖状，另一端刻丝并拧上螺帽。现场在窑腿上部的砖缝中先确定位置，一个窑腿上部建议不少于 20 个点位。在确定的点位上，用直径 24mm 的钻头将窑脸砖墙面钻透，再将上述加工的钢筋楔子依次打入。将露出的螺帽头适当装饰一下，也可以采用短钢筋将螺帽头焊接形成整体，如图 3-70 所示。

3.8 施工安全与施工机具

3.8.1 施工安全要求

（1）承接农村危房加固维修的施工单位或建筑工匠，应根据房屋的实际情况与加固设计要求，制定周密的施工方案。施工过程中，应尽量减少对农户生产、生活的影响。

（2）当采用包工包料方式时，施工方对所购买的主要原材料质量负责并应接受改造户检查；采用的主要加固施工方法以及可能对改造户造成的影响等，施工方应与改造户进行全面沟通；施工过程中发现的问题，应予以及时说明和解决。

（3）加固施工时应避免或减少对原结构及构件的损伤。

（4）加固施工过程中发现原结构或构件有严重缺陷时，应在加固过程中一并处理，消除缺陷。

（5）加固施工中，当承重构件需要置换或局部支承部位需要卸载时，应预先采取临时支护等安全措施，避免可能导致的房屋倾斜、开裂或局部倒塌。

（6）施工中当拆除或清理原有构件时，如发现有与原检测情况不符，或是发现原结构有严重缺陷时，应暂停施工，必要时立即采取临时安全措施，并立即报告设计人员协商解决。

（7）施工过程中，还应特别注意改造户家庭成员的安全，施工范围内严禁儿童滞留、玩耍。

（8）注意施工用电安全。

（9）施工中注意通风、防火，使用化学材料时注意施工人员防护和材料保管。

3.8.2　常用加固施工机具

（1）手提切割机（切瓷砖用切割机，配刀片若干）；

（2）冲击钻（配普通钻头与长直麻花钻头，用于砖墙、土墙钻孔）；

（3）断线钳剪刀（即剪断细钢筋的老虎钳）；

（4）小型电焊机（用于焊接钢筋接头）；

（5）砂浆搅拌机（用于搅拌砂浆）；

（6）喷水壶（用于墙面洒水等）；

（7）铁刷子（用于清理墙体表面浮灰）；

（8）铁錾子（扁铲）（用于墙体刻槽）；

（9）铁铲（用于搅拌灰浆或辅助运送灰浆）；

（10）钢筋钩子和扎丝（用于钢筋节点绑扎）；

（11）料桶（用于转运砂浆和泥浆等）；

（12）瓦刀（用于砌砖等辅助作用）；

（13）抹子（用于墙面抹灰）；

（14）平口、十字口螺丝刀；

（15）普通小钳子2把；

（16）轻便梯子（需4m、6m各一架）。

第4章　西北乡土民居加固维修示范实例

4.1　案例-1 砖木结构

案例-1　砖木结构民居加固前照片如图 4-1、图 4-2 所示。

图 4-1　案例-1　砖木结构民居加固前照片(室外)

图 4-2　案例-1　砖木结构民居加固前照片(室内)

4.1.1 房屋安全性鉴定

农村房屋安全鉴定表

表 4-1

1. 基本资料

户　　主	刘宝师	建造年代	1992 年
地　　点	陕西省大荔县下寨镇新堡村	设防烈度	8 度(0.2g)
结构形式	砖木结构	建筑面积	75m²
层　　数	单层	开　　间	3 间
墙　　体	前墙：砖墙；后墙：砖墙；山墙：砖墙；内横墙：砖墙		
屋面类型	双坡，中间木屋架，两侧硬山搁檩，瓦屋面		

2. 鉴定依据

(1)《农村住房危险性鉴定标准》（JGJ/T 363—2014）
(2)《农村危险房屋鉴定技术导则(试行)》（建村函 [2009] 69 号）
(3)《陕西省农村危房(窑)鉴定技术指南》

3. 鉴定目的

(1) 对房屋在使用阶段的安全性进行评价，对房屋的抗震性能进行评价；
(2) 根据鉴定结果，对房屋的加固与维修提出建议

4. 危险状况

(1) 屋面局部出现沉陷；小青瓦损坏较多，屋面渗水面积超过 6.0m²以上；
(2) 局部檩条、椽条腐朽；
(3) 纵、横墙交接处有松动、脱闪迹象；
(4) 无圈梁、构造柱；硬山搁檩

5. 鉴定结论

(1) 危险性等级：C 级危房；
(2) 抗震性能：无抗震构造措施，不满足抗震要求

6. 建议

(1) 加固维修。
(2) 提高房屋抗震性能

4.1.2 房屋加固方案

（1）加固范围
只针对刘宝师家主房进行加固维修。
（2）加固方法
① 屋面揭瓦、晾椽大修；
② 替换局部腐朽檩条及椽条；

③ 采用型钢对房屋墙体进行支撑、拉接，提高整体性；

④ 裂缝修复。

（3）加固材料

主要材料：6mm 厚钢板；12 号热轧轻型槽钢；6 号热轧普通角钢；M12 螺栓；少量水泥；少量砂子。

（4）施工工艺

① 屋面揭瓦、晾椽；清理墙面，对加固型钢进行放线定位；墙体钻眼。

② 前后纵墙各设水平钢带一道（墙体外侧采用 6mm 钢板，内侧采用 12 号槽钢），钢带设置在屋架下方，沿水平钢带间隔 500mm 用穿墙螺栓进行拉接，前后纵墙水平槽钢间用槽钢焊接拉接（设在屋架下弦正下方）。

③ 山墙内侧同样高度位置处设水平钢带一道（采用 12 号槽钢），沿水平钢带间隔 500mm 用膨胀螺栓与墙体进行拉接，并在山尖墙上设竖向槽钢带一道，采用膨胀螺栓与墙体进行拉接。

④ 在拉接槽钢中间位置处焊接一段 500mm 长槽钢并钻孔，同时在屋架下弦相同位置处钻孔，用螺栓进行拉接，槽钢与屋架下弦之间用两根木头支撑。

⑤ 屋架与屋架之间、屋架与山墙之间采用垂直支撑进行加固连接，垂直支撑采用两角钢背靠背的方式放置，并在交叉位置处用螺栓连接。

⑥ 型钢安装完成后，将型钢与墙面之间的空隙用水泥砂浆填满塞实；墙体裂缝灌浆处理；修补墙面。

房屋加固三维模型如图 4-3~图 4-6 所示。

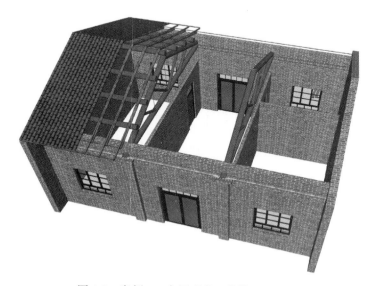

图 4-3　案例-1　房屋现状三维模型示意图

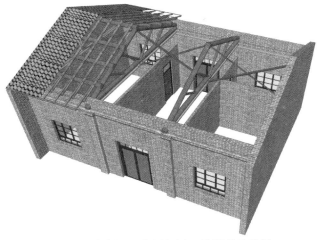

图 4-4 案例-1 房屋加固三维模型示意图

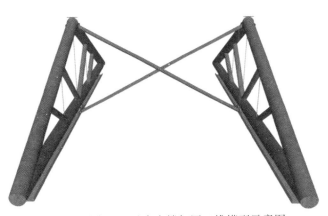

图 4-5 案例-1 垂直支撑加固三维模型示意图

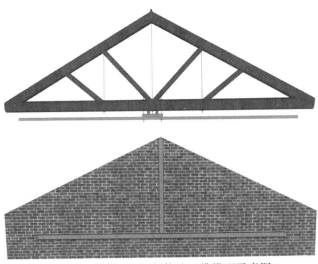

图 4-6 案例-1 细部构造三维模型示意图

4.1.3 房屋加固维修材料清单

（1）屋面维修费用

屋面维修材料清单 表4-2

序号	项目	数量	单价	金额（元）
1	水泥机瓦	1000 块	2 元/块	2000
2	水泥滴瓦	100 块	8 元/块	800
3	五合板	100m²	20 元/m²	2000
4	铁钉	15kg	3 元/kg	180
5	黄土	15m³	20 元/m³	300
6	麦秸秆	150kg	0.75 元/kg	450
7	人工	普通工人 1200 元；技术工人 2400 元		
8	合计	9330 元		

（2）房屋抗震加固费用

房屋抗震加固材料清单 表4-3

序号	项目	数量	单价	金额（元）
1	钢板	21.2m	6.3 元/m	134
2	12 号热轧轻型槽钢	60m	42 元/m	2520
3	6 号角钢	24m	17 元/m	408
4	M12 螺栓	41 根	9 元/根	369
5	螺母	164 个	0.5 元/个	82
6	焊条	3 包	20 元/包	60
7	人工	焊接工人 1800 元；普通工人 600 元；技术工人 1200 元		
8	合计	7173 元		

（3）其他费用

油漆、稀料、氧气、丙烷、运费等总计：1670 元。

（4）全部费用总计

本户为 C 级危房，全部加固维修后的总费用为 18173 元，其中屋面铺设望板、重新换瓦费用为 9330 元；房屋抗震加固费用为 7173 元；其他费用为 1670 元。

4.1.4 房屋加固中与加固后效果

房屋加固中与加固后效果如图 4-7、图 4-8 所示。

图 4-7　案例-1　房屋加固中

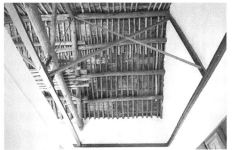

图 4-8　案例-1　房屋加固后

4.2　案例-2 砖木结构

案例-2　砖木结构加固前照片如图 4-9、图 4-10 所示。

图 4-9　案例-2　砖木结构民居加固前照片（室外）

图 4-10　案例-2　砖木结构民居加固前照片（室内）

4.2.1　房屋安全性鉴定

农村房屋安全鉴定表　　　　表 4-4

1. 基本资料

户　主	任森熬	建造年代	1983 年
地　点	陕西省大荔县朝邑镇平罗村	设防烈度	8 度(0.2g)
结构形式	砖木结构	建筑面积	65m^2
层　数	单层	开　间	3 间
墙　体	前墙：砖墙；后墙：砖墙；山墙：砖墙；内横墙：砖墙		
屋面类型	双坡，硬山搁檩，瓦屋面		

2. 鉴定依据

（1）《农村住房危险性鉴定标准》（JGJ/T 363—2014）
（2）《农村危险房屋鉴定技术导则(试行)》（建村函 ［2009］ 69 号）
（3）《陕西省农村危房(窑)鉴定技术指南》

3. 鉴定目的

（1）对房屋在使用阶段的安全性进行评价，对房屋的抗震性能进行评价；
（2）根据鉴定结果，对房屋的加固与维修提出合理建议

4. 危险状况

（1）屋面局部沉陷，屋面漏雨渗水，个别檩条及橡条腐朽；
（2）纵横墙交接处有裂缝；
（3）门洞无过梁，洞口有竖向裂缝；
（4）无圈梁、构造柱；山尖墙过高；硬山搁檩

5. 鉴定结论
（1）危险性等级：C 级危房； （2）抗震性能：无抗震构造措施，不满足抗震要求
6. 建议
（1）加固维修； （2）提高房屋抗震性能

4.2.2 房屋加固方案

（1）加固范围

只针对任森熬家主房进行加固维修。

（2）加固方法

① 屋面揭瓦、晾椽大修；

② 替换局部腐朽檩条及椽条；

③ 采用型钢作为内支撑对墙体进行支撑、拉接；

④ 裂缝修补。

（3）加固材料

主要材料：6mm 厚钢板；12 号热轧轻型槽钢；8 号热轧轻型槽钢；M12 螺栓；少量水泥；少量砂子。

（4）施工工艺

① 屋面揭瓦、晾椽；清理墙面，对加固型钢进行放线定位；墙体钻眼。

② 前后纵墙檐口高度处各设水平钢带一道（墙体外侧采用钢板，内侧采用 12 号槽钢），沿水平钢带间隔 500mm 用 12 号螺栓进行穿墙拉接。

③ 山墙两侧同样高度位置处设水平钢带一道（外侧采用钢板，内侧采用 12 号槽钢），沿水平钢带间隔 500mm 用螺栓进行穿墙拉接；山墙水平钢带之间用 8 号槽钢焊接拉接，共设 6 道。

④ 在山墙两侧设竖向钢带一道（墙体内侧采用 12 号槽钢，外侧采用钢板），采用 12 号螺栓穿墙拉接，间距 500mm，山尖墙之间垂直支撑设于槽钢带 1500mm 高度处，采用一根 8 号槽钢焊接。

⑤ 型钢安装完成后，将型钢与墙面之间的空隙用水泥砂浆填满塞实；墙体裂缝灌浆处理；修补墙面。

房屋加固三维模型如图 4-11～图 4-13 所示。

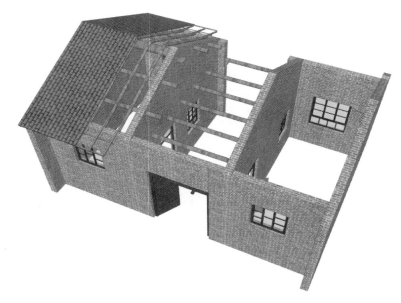

图 4-11　案例-2　房屋现状三维模型示意图

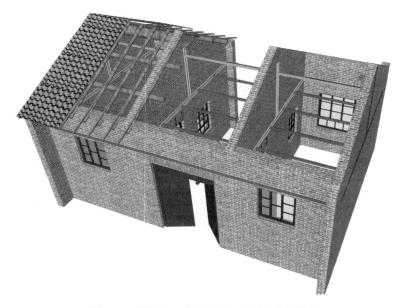

图 4-12　案例-2　房屋加固三维模型示意图

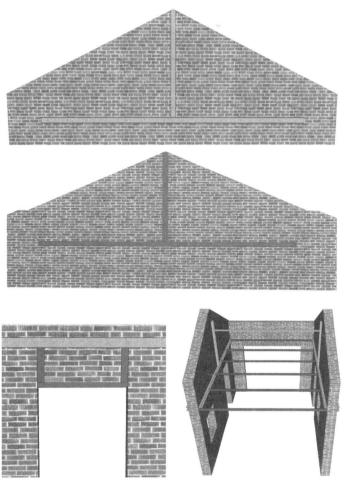

图 4-13 案例-2 细部构造三维模型示意图

4.2.3 房屋加固维修材料清单

（1）屋面维修费用

屋面维修材料清单 表 4-5

序号	项目	数量	单价	金额(元)
1	水泥机瓦	1000 块	2 元/块	2000
2	水泥滴瓦	100 块	8 元/块	800
3	五合板	110m²	20 元/m²	2200
4	铁钉	15kg	3 元/kg	180
5	黄土	15m³	20 元/m³	300
6	麦秸秆	150kg	0.75 元/kg	450
7	人工	普通工人1200 元；技术工人2400 元		
8	合计	9530 元		

（2）房屋抗震加固维修费用

房屋抗震加固材料清单　　　　　　　　　　　　表 4-6

序号	项目	数量	单价	金额(元)
1	钢板	36m	6.3 元/m	226.8
2	12 号热轧轻型槽钢	72m	42 元/m	3024
3	8 号热轧轻型槽钢	60m	23 元/m	1380
4	M12 螺栓杆	61 根	9 元/根	549
5	螺母	244 个	0.5 元/个	122
6	焊条	4 包	20 元/包	80
7	人工	焊接工人 1600 元；普通工人 600 元；技术工人 1200 元		
8	合计	8781.8 元		

（3）其他费用

油漆、稀料、氧气、丙烷、运费等总计：1670 元。

（4）全部费用总计

本户为 C 级危房，全部加固维修后的总费用为 19981.8 元，其中屋面铺设望板、重新换瓦花费为 9530 元；房屋抗震加固费用为 8781.8 元；其他费用 1670 元。

4.2.4　房屋加固中与加固后效果

房屋加固中与加固后效果如图 4-14、图 4-15 所示。

图 4-14　案例-2　房屋加固中

图 4-15　案例-2　房屋加固后

4.3 案例-3 土木结构

案例-3 土木结构加固前照片如图 4-16、图 4-17 所示。

图 4-16 案例-3 土木结构民居加固前照片(室外)

图 4-17 案例-3 土木结构民居加固前照片(室内)

4.3.1 房屋安全性鉴定

农村房屋安全鉴定表 表 4-7

1. 基本资料				
户　主	翟并社		建造年代	1982 年
地　点	陕西省大荔县朝邑镇平罗村		设防烈度	8 度(0.2g)

续表

1. 基本资料

结构形式	土木结构		建筑面积	50m²
层　　数	单层		开　　间	3 间
墙　　体	前墙：上部土坯，窗台下部为青砖； 后墙：土坯； 山墙：主体为土坯，墙裙部位为青砖； 内横墙：土坯			
屋面类型	单坡，木屋架，小青瓦屋面			

2. 鉴定依据

（1）《农村住房危险性鉴定标准》（JGJ/T 363—2014）
（2）《农村危险房屋鉴定技术导则(试行)》（建村函［2009］69 号）
（3）《陕西省农村危房(窑)鉴定技术指南》

3. 鉴定目的

（1）对房屋在使用阶段的安全性进行评价，对房屋的抗震性能进行评价；
（2）根据鉴定结果，对房屋的加固与维修提出建议

4. 危险状况

（1）屋面局部出现沉陷，檐口位置漏雨渗水严重；
（2）个别檩条、椽条出现腐朽现象；
（3）纵横墙交接处开裂，有脱闪现象

5. 鉴定结论

（1）危险性等级：C 级危房；
（2）抗震性能：无抗震构造措施，不满足抗震要求

6. 建议

（1）加固维修；
（2）提高房屋抗震性能

4.3.2　房屋加固维修方案

（1）加固范围
只针对翟并社家主房进行加固维修。
（2）加固方法
① 屋面檐口位置处揭瓦修复；
② 替换腐朽檩条与椽条；
③ 采用混凝土小框架对墙体、屋架进行加固与支撑；
④ 裂缝修补。
（3）加固材料
主要材料：钢筋；水泥；砂子；石子；砖等。
（4）施工工艺

① 施工前对原建筑进行详细安全复查，清理墙面，对混凝土框架进行放线定位。

② 屋面檐口位置处揭瓦，做防水处理；对腐朽的檩条、椽条进行替换。

③ 在屋架正下方和房屋四角布置框架柱，屋架下方柱截面采用 150mm×300mm 扁柱，角柱采用宽 300mm，厚 150mm 异形柱，梁截面尺寸为 150mm×250mm；过程为：先进行支模，再浇筑混凝土，养护完成。

④ 大门入口右侧山墙(仅剩片墙)进行加固保护，门头原状修复。

⑤ 墙体裂缝灌浆处理，修补墙面。

房屋加固三维模型如图 4-18、图 4-19 所示。

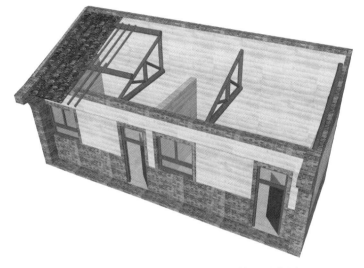

图 4-18　案例-3　房屋现状三维模型示意图

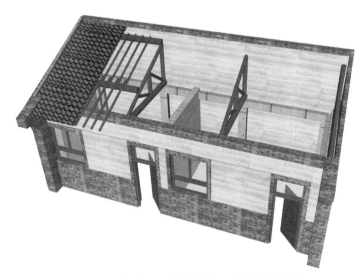

图 4-19　案例-3　房屋加固三维模型示意图

4.3.3　房屋加固维修材料清单

（1）屋面维修费用

屋面维修材料清单　　　　　　　　　　　　　　　　　　表 4-8

序号	项目	数量	单价	金额（元）
1	水泥机瓦	500 块	2 元/块	1000
2	水泥滴瓦	50 块	8 元/块	400
3	五合板	40m²	20 元/m²	800
4	铁钉	15kg	3 元/kg	180
5	黄土	4m³	20 元/m³	80
6	麦秸秆	75kg	0.75 元/kg	225
7	人工	普通工人 800 元；技术工人 2040 元		
8	合计	5525 元		

（2）房屋抗震加固维修费用

房屋抗震加固材料清单　　　　　　　　　　　　　　　　表 4-9

序号	项目	数量	单价	金额（元）
1	圆 14 钢筋	180m	5.1 元/m	918
2	圆 12 钢筋	225m	4.1 元/m	922.5
3	混凝土	3m³	320 元/m³	960
4	五合板	15m²	20 元/m²	300
5	人工	普通工人 400 元；技术工人 1020 元		
6	合计	4520.5 元		

（3）其他费用

油漆等费用：450 元。

（4）全部费用总计

本户为 C 级危房，全部加固维修后的总费用为 10495.5 元，其中屋面铺设望板、重新换瓦花费为 5525 元；房屋抗震加固费用为 4520.5 元；其他费用为 450 元。

4.3.4　房屋加固中与加固后效果

房屋加固中与加固后效果如图 4-20、图 4-21 所示。

图 4-20　案例-3　房屋加固中

图 4-21　案例-3　房屋加固后

4.4　案例-4 土木结构

案例-4　土木结构加固前照片如图 4-22、图 4-23 所示。

图 4-22　案例-4　土木结构民居加固前照片(室外)

图 4-23　案例-4　土木结构民居加固前照片(室内)

4.4.1　房屋安全性鉴定

农村房屋安全鉴定表　　　　　　　　　　　　　　　　表 4-10

1. 基本资料			
户　　主	蔡凤兰	建造年代	1982 年
地　　点	陕西省大荔县许庄镇柳池村	设防烈度	8 度(0.2g)
结构形式	土木结构	建筑面积	80m²
层　　数	单层	开　　间	3 间
墙　　体	前墙：主体为土坯，墙裙部位为普通砖； 后墙：主体为土坯，墙裙部位为普通砖； 山墙：土坯； 内横墙：土坯		
屋面类型	双坡，中间一榀木屋架，其余硬山搁檩，小青瓦屋面		

2. 鉴定依据

(1)《农村住房危险性鉴定标准》(JGJ/T 363—2014)
(2)《农村危险房屋鉴定技术导则(试行)》(建村函〔2009〕69 号)
(3)《陕西省农村危房(窑)鉴定技术指南》

3. 鉴定目的

(1) 对房屋在使用阶段的安全性进行评价，对房屋的抗震性能进行评价；
(2) 根据鉴定结果，对房屋的加固与维修提出建议

4. 危险状况

(1)　屋面有漏雨渗水现象；
(2)　局部檩条及椽子腐朽；
(3)　纵横墙交接处有松动、脱闪迹象；
(4)　无圈梁、构造柱；硬山搁檩

5. 鉴定结论
（1）危险性等级：C 级危房； （2）抗震性能：无抗震构造措施，不满足抗震要求
6. 建议
（1）加固维修； （2）提高房屋抗震性能

4.4.2 房屋加固维修方案

（1）加固范围

只针对蔡凤兰家主房进行加固维修。

（2）加固方法

① 屋面揭瓦、晾椽大修；

② 替换局部腐朽檩条及椽条；

③ 采用型钢对房屋墙体进行支撑、拉接，提高整体性；

④ 裂缝修补。

（3）加固材料

主要材料：6mm 厚钢板；12 号热轧轻型槽钢；8 号热轧轻型槽钢；6 号热轧普通角钢；8 号热轧普通角钢；M12 螺栓；水泥；砂子；石子。

（4）施工工艺

① 屋面揭瓦晾椽，替换腐朽檩条、椽条；清理墙面，对加固型钢进行放线定位；墙体钻眼；做柱础。

② 两侧山墙内侧设三根通长钢柱，中间采用 12 号槽钢，角部采用 8 号角钢，钢柱下做 300mm×300mm×300mm 现浇混凝土基础，钢柱与山墙（土墙）之间采用螺栓连接，具体操作：在墙体上间隔 1000mm 开直径 200-300mm 洞口，在洞内浇筑混凝土，同时预埋螺栓用于拉接钢柱。

③ 在屋架下弦高度处沿房屋墙体四周设水平槽钢带一道，采用 12 号槽钢，中间隔墙相同位置处同样设置水平槽钢带一道，山墙处槽钢带拉接措施同钢柱。

④ 在屋架（下方无隔墙）下弦两侧设两根 6 号角钢，角钢底部间隔 1000mm 用钢板条焊接；房间内沿纵向设水平拉杆三道，采用 8 号槽钢。

⑤ 在屋架与山墙之间设置垂直支撑，采用两根 6 号角钢背靠背放置，并用螺栓连接；垂直支撑与屋架下弦之间连接时，将两块钢板条用螺栓穿透屋架下弦进行拉接，屋架下弦两侧钢板条位置处挫平，然后将钢板与垂直支撑焊接。

⑥ 型钢安装完成后，将型钢与墙面之间的空隙用水泥砂浆填满塞实；墙体裂缝灌浆处理；修补墙面。

房屋加固三维模型如图 4-24、图 4-25 所示。

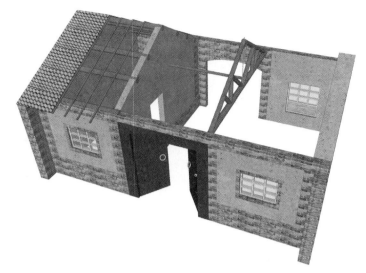

图 4-24　案例-4　房屋现状三维模型示意图

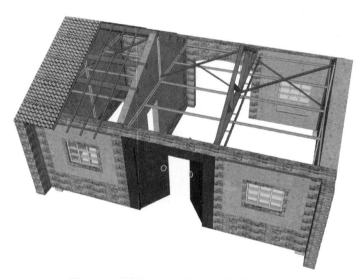

图 4-25　案例-4　房屋加固三维模型示意图

4.4.3　房屋加固维修材料清单

（1）屋面维修费用

屋面维修材料清单

表 4-11

序号	项目	数量	单价	金额（元）
1	水泥机瓦	998 块	2 元/块	1996
2	水泥滴瓦	96 块	8 元/块	768

序号	项目	数量	单价	金额(元)
3	五合板	98m²	20 元/m²	1960
4	铁钉	15kg	3 元/kg	180
5	黄土	15m²	20 元/m²	300
6	麦秸秆	150kg	0.75 元/kg	450
7	人工	普通工人 1200 元；技术工人 2400 元		
8	合计	9254 元		

（2）房屋抗震加固维修费用

房屋抗震加固材料清单　　　　　　　　　　　　　表 4-12

序号	项目	数量	单价	金额(元)
1	12 号热轧轻型槽钢	62.1m	42 元/m	2608.2
2	8 号热轧轻型槽钢	51.66m	23 元/m	1188.2
3	6 号角钢	20.46m	17 元/m	347.8
4	M12 螺栓杆	68 根	9 元/根	612
5	螺母	272 个	0.5 元/个	136
6	焊条	6 包	20 元/包	120
7	人工	焊接工人 1600 元；普通工人 600 元；技术工人 1200 元		
8	合计	8412.2 元		

（3）其他费用

油漆、稀料、氧气、丙烷、运费等总计：1670 元。

（4）全部费用总计

本户为 C 级危房，全部加固维修后的总费用为 19336.2 元，其中屋面铺设望板、重新换瓦花费为 9254 元；房屋抗震加固费用为 8412.2 元；其他费用为 1670 元。

4.4.4 房屋加固中与加固后效果

房屋加固中与加固后效果如图 4-26、图 4-27 所示。

图 4-26　案例-4　房屋加固中

图 4-27　案例-4　房屋加固后

4.5　案例-5 土木结构

案例-5　土木结构加固前照片如图 4-28 所示。(注：加固维修尚未开工)

图 4-28　案例-5　土木结构民居加固前照片

4.5.1 房屋安全性鉴定

农村房屋安全鉴定表 表 4-13

1. 基本资料				
户　　主	刘宝全		建造年代	1981
地　　点	陕西省西安市周至县		设防烈度	8 度(0.2g)
结构形式	土木结构		建筑面积	57m²
层　　数	单层		开　　间	3 间
墙　　体	墙体均为土坯墙			
屋面类型	双坡，中间木屋架，两侧硬山搁檩，小青瓦屋面			

2. 鉴定依据

（1）《农村住房危险性鉴定标准》（JGJ/T 363—2014）
（2）《农村危险房屋鉴定技术导则(试行)》（建村函［2009］69 号）
（3）《陕西省农村危房(窑)鉴定技术指南》

3. 鉴定目的

（1）对房屋在使用阶段的安全性进行评价，对房屋的抗震性能进行评价；
（2）根据鉴定结果，对房屋的加固与维修提出建议

4. 危险状况

（1）屋面：局部出现沉陷；小青瓦损坏较多，屋面多处漏雨渗水；
（2）部分檩条、椽条腐朽、泛白；
（3）纵、横墙交接处有松动、脱闪迹象；
（4）无圈梁、构造柱；硬山搁檩；
（5）墙体较多处草泥层有脱落现象

5. 鉴定结论

（1）危险性等级：C 级危房；
（2）抗震性能：无抗震构造措施，不满足抗震要求

6. 建议

（1）加固维修；
（2）提高房屋抗震性能

4.5.2 房屋加固方案

（1）加固范围
只针对刘宝全家主房进行加固维修。
（2）加固方法
① 屋面揭瓦、晾椽大修；
② 替换局部腐朽檩条及椽条；
③ 采用型钢对房屋墙体进行支撑、拉接，提高整体性；
④ 裂缝修补。

（3）加固材料

主要材料：6mm 厚钢板；12 号热轧普通槽钢；12 号热轧轻型槽钢；8 号热轧普通角钢；6 号热轧普通角钢；M12 螺栓；少量水泥；少量砂子。

（4）施工工艺

① 屋面揭瓦、晾椽；清理墙面，对加固型钢进行放线定位，墙体钻孔、刻槽；做柱础。

② 在房屋前后纵墙屋架下方设置两道 12 号热轧普通槽钢立柱；山墙脊檩下方设两道 12 号热轧轻型槽钢立柱；沿房屋四角设四根 8 号热轧普通角钢立柱；槽钢立柱位置处墙体外侧沿竖向增设墙揽，间距 1000mm，墙揽采用长 600mm 的 12 号热轧轻型槽钢，水平放置并通过 12 号穿墙螺栓与槽钢立柱进行拉接；角钢立柱位置处墙体外侧同样沿竖向增设墙揽，间距 1000mm，墙揽采用长 200mm 的 12 号热轧轻型槽钢，竖向放置并通过过 12 号穿墙螺栓与角钢立柱进行拉接；钢立柱下做 300mm 厚混凝土基础，施工时先浇筑 150mm 厚，待型钢立柱安装完成后浇筑剩余 150mm 厚。

③ 在前后纵墙檐口位置（屋架下方）和门窗洞口上方位置处，墙体内侧各设型钢带（12 号热轧轻型槽钢）一道，并在每开间的墙体外侧设一道墙揽，墙揽采用：长 600mm 的 12 号热轧轻型槽钢扣进墙面，并通过穿墙螺栓进行拉接。

④ 在山墙上，檩条下方沿坡向设 6 号热轧普通角钢一道，用于支撑檩条传来的竖向荷载，并焊接短角钢条用于固定檩条，防止其滑动。

⑤ 前后纵墙檐口位置处的槽钢带之间通过增设 6 号热轧普通角钢进行连接；屋架与屋架、屋架与山墙之间通过两道 6 号热轧普通角钢系杆进行拉接；并对各节点部位连接予以加强（如设节点板），以增强房屋结构的整体性。

⑥ 墙体裂缝进行灌浆处理，较大裂缝灌注水泥砂浆，裂缝较小时采用水泥浆进行灌注；将型钢与墙体之间的空隙通过水泥砂浆进行填充塞实；待房屋主体结构加固完成之后，对墙体进行抹面处理（建议采用草泥）。

房屋加固三维模型如图 4-29~图 4-31 所示。

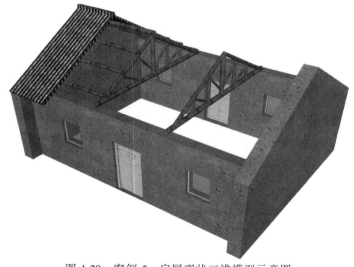

图 4-29　案例-5　房屋现状三维模型示意图

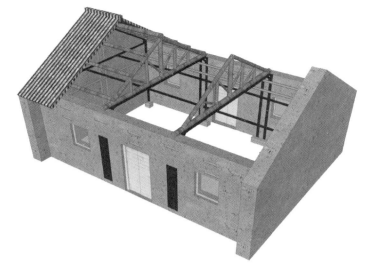

图 4-30　案例-5　房屋加固三维模型示意图

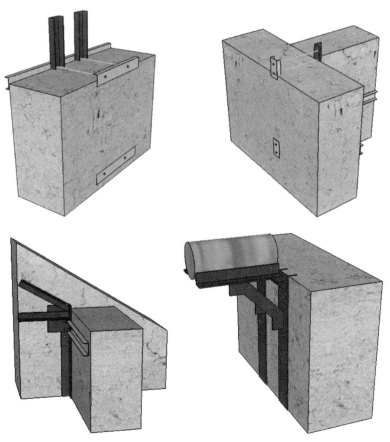

图 4-31　案例-5　细部构造三维示意图

4.5.3　房屋加固维修材料预算

（1）房屋抗震加固费用

房屋抗震加固材料预算　　　　　　　　　　　　表 4-14

序号	项目	数量	单价	金额（元）
1	钢板	8.8m	24 元/m	211
2	12 号热轧轻型槽钢	85.8m	42 元/m	3064
3	12 号热轧普通槽钢	29.6m	45 元/m	1332
4	6 号角钢	68m	17 元/m	1156
5	8 号角钢	15m	20 元/m	300
6	M12 螺栓杆	124 根	9 元/根	1116
7	螺母	240 个	0.5 元/个	120
8	焊条	3 包	20 元/包	60
9	混凝土	0.44m²	400 元/m²	176
10	人工	焊接工人 1800 元；普通工人 600 元；技术工人 1200 元		
11	合计	11135 元		

（2）屋面维修费用

屋面维修材料预算　　　　　　　　　　　　表 4-15

序号	项目	数量	单价	金额（元）
1	水泥机瓦	760 块	2 元/块	1520
2	水泥滴瓦	80 块	8 元/块	640
3	五合板	70m²	20 元/m²	1400
4	铁钉	12.5kg	3 元/kg	150
5	黄土	12m³	20 元/m³	240
6	麦秸秆	125kg	1.25 元/kg	375
7	人工	普通工人 900 元；技术工人 1800 元		
8	合计	7025 元		

（3）其他费用

油漆、稀料、氧气、丙烷、运费等费用：1650 元。

（4）全部总费用

本户为 C 级危房，经户主要求按照民宿进行加固改造；预计全部改造总费用为 19810 元，其中屋面铺设望板、重新换瓦费用为 7025 元；房屋抗震加固费用为 11135 元；其他费用为 1650 元。

4.6 案例-6 靠山式接口窑

案例-6 靠山式接口窑加固方案   表 4-16

户名	张怀友	建造年代	/	窑孔数	2 孔	砌筑材料	●土　○石　○砖　○土坯
窑洞类型	●靠山式　○沿沟式　○全下沉式　○半下沉式　○平地式　○独立式						
	其他：接口土窑（前部石砌）						

原型照片	 
加固照片	 

主要问题	1. 窑洞内部潮湿，粉刷层空鼓、剥落严重，有小范围土块掉落； 2. 窑洞接口部位拱顶出现环向裂缝，并有雨水渗漏现象； 3. 窑洞檐口为无组织排水，檐口石板挑出长度偏小，窑脸底部墙体被雨水淋溅严重；窑脸为石砌，表面草泥层剥落较多
加固维修方案	1. 窑顶防水处理： 　　对窑顶及崖面进行修整；用水泥瓦做防水层面层；窑顶设排水槽，形成有组织排水。 2. 修整窑脸檐口： 　　有两种选择： 　　① 增设挑梁，加长石板或预制板，使出挑尺寸加大； 　　② 改成传统的砖砌檐口。 　　不管哪种选择，均应保证排水顺畅，减小雨水对窑脸底部的淋溅。 3. 内部拱券加固： 　　① 对窑顶局部冒顶掉土部位，采用拱券切削法进行加固修复；将拱券冒顶区域表层松散土体切削凿除，形成深度约 150mm、宽度约 1m~1.2m 的拱券槽，再在槽内砌筑 120mm 厚砖拱，砖拱完成面与原窑面平齐。 　　② 在窑洞结合部，增设一圈 120 砖砌内衬拱券，宽度约 0.7m~1.0m。 4. 窑壁内粉处理： 　　剔除窑壁剥蚀、泛碱、空鼓灰浆面层，重新粉刷

重点 示范 内容	1. 窑洞顶部防水措施; 2. 拱券切削加固技术; 3. 砖内衬加固技术

4.7 案例-7 独立式砖窑

案例-7 独立式砖窑加固方案　　　　　　　　　表 4-17

户 名	谷海建	建造 年代	—	窑孔数	4 孔	砌筑 材料	○土　○石　●砖　○土坯
窑洞类型	○靠山式　　○沿沟式　　○全下沉式　　○半下沉式　　○平地式　　●独立式							
原型照片								
加固照片								
主要 问题	1. 两端窑洞边腿有侧移,窑脸出现竖向与斜向小裂缝;东侧窑腿外面已做扶壁墙加固; 2. 窑洞内潮湿,窑壁泛碱严重(主要是厨房间); 3. 局部有雨水渗漏现象; 4. 窑洞进深 0.5～1.0m 处有轻微环向裂缝						
加固 维修 方案	1. 窑顶防水处理: 　　清除窑顶杂草(除根);适当增加覆土,找坡;采用水泥瓦做防水面层;外围设排水槽,使窑顶排水顺畅。 2. 窑脸裂缝处理: 　　采用压力灌浆,裂缝宽度小于 3mm 的采用环氧树脂胶,裂缝宽度大于 5mm 时可采用水泥砂浆灌缝。						

加固维修方案	3. 窑壁内粉处理： 剔除窑壁剥蚀、泛碱、空鼓灰浆面层，采用水泥砂浆打底，重新粉刷。 4. 拱券加固处理： 对东西两侧窑洞(第一、第四孔)拱券采用型钢内支架进行加固。如下图布置所示。 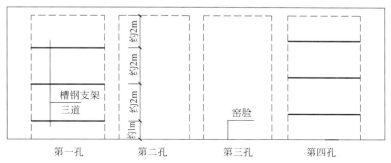 （1）方案一：采用槽钢做内支架。具体措施如下： ① 施工工序：清理墙面→水泥砂浆抹面 20~30mm 厚→在确定位置安装槽钢内支架→支架之间纵向连接→支架与窑壁之间塞填并粉刷整齐。 ② 槽钢内支架做法：采用 14 号轻型热轧槽钢(腹板高度 140mm，翼缘宽度 58mm)制作，由三段组成，两竖直段为立柱，中间段将槽钢翼缘切割小三角口后弯曲成拱券形状。每段端部有端板，端板之间采用两个螺栓连接，如下图所示。 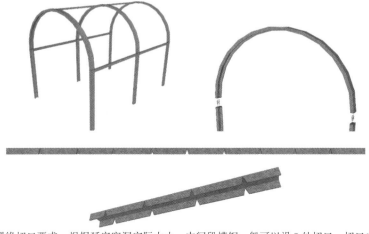 ③ 槽钢翼缘切口要求：根据延安窑洞实际大小，中间段槽钢一般可以设 9 处切口，切口成小三角形状，边缘宽度约 25~30mm。拱顶位置(槽钢中间位置)必须设置一个切口。槽钢翼缘切割前必须准确画线，建议在有条件的工厂制作，运送到现场后再根据窑洞拱券弯曲成形。 ④ 切口焊接：槽钢弯曲成形后，应与两侧立柱连接固定；待固定后，再将翼缘的切口焊接成整体。 ⑤ 立柱底部应作混凝土基础。 （2）方案二：采用矩形钢管做内支架。 矩形管截面尺寸：120×60×4(壁厚为 4mm)。根据现场实际测量的窑洞尺寸，直接在钢构厂冷弯成型。三段式拼装也行，一根整体式也行。 对于以上两种方案，应根据材料供应、施工条件等充分论证，选择一个较为完善的方案。 5. 地基加固处理： 建议对西侧边窑腿外 1m 范围内做灰土挤密桩处理。桩直径 150mm，桩长 1.5m，两排梅花形布置(如上图)，间距 450mm。具体要求同第二户(李新宝家)的要求。 处理完好，窑腿外地面做混凝土散水处理。 6. 建议在厨房间所处窑洞的窑掌位置开设小窗，以便在做饭时将湿气及时排出。能否开窗，要看窑掌后面有无填土

第一孔　第二孔　第三孔　第四孔

槽钢支架三道

窑脸

约2m　约2m　约2m　约1m

重点示范内容	1. 压力灌浆技术； 2. 型钢内支架加固技术； 3. 生石灰挤密桩地基加固技术

4.8　案例-8 独立式石窑

案例-8 独立式石窑加固方案　　　　　　　　　　　　　　表 4-18

户名	李平	建造年代	/	窑孔数	3 孔	砌筑材料	○土　●石　○砖　○土坯		
窑洞类型	○靠山式　○沿沟式　○全下沉式　○半下沉式　○平地式　●独立式								
原型照片									
加固照片									
主要问题	1. 地基出现严重不均匀沉降，左边窑腿外闪，左孔窑致使窑脸顶部严重拉裂； 2. 窑脸外倾严重，进深 1～2m 范围内环向裂缝较多； 3. 两侧窑洞拱顶石料之间缝隙明显拉大； 4. 窑洞顶部及周边植物茂盛，排水不畅，窑内渗水； 5. 属于 D 级危窑								

加固维修方案	鉴于此窑存在严重危险，如果现场安全措施不能保证，建议拆除重建。 当现场安全措施完全可以保证时，以下加固修复方案可供参考。 1. 加固修复工序： 　两侧窑腿加固(扶壁墙或堆土)→窑内临时支撑(钢管脚手架或木支撑)→拆除窑脸→窑内铺设钢筋网片→喷射细石混凝土→窑脸修复→窑顶除草、填土及防水处理→周边环境整治。 2. 两侧窑腿加固 　建议采用扶壁墙或堆土方式。其下2m范围内应做地基加固处理，可采用生石灰桩处理。技术措施同前。 3. 内部拱券加固： ① 采用钢筋网混凝土内衬法加固。 　钢筋网：环向钢筋与纵向钢筋均取φ8@200； 　混凝土面层：采用细石混凝土，厚度100mm，强度等级C30。 ② 施工工序：清除窑体表面浮土→用片状定石或硬木楔将拱券石缝楔紧→锚固L型锚筋(φ8 短钢筋制作，砸入石缝中100mm即可)→绑扎钢筋网→将钢筋网与L型锚筋进行绑扎→混凝土面层分层喷射或支模浇筑→表面收光→面层养护。 ③ 混凝土面层施工：建议分层喷射施工；首遍宜喷射水泥浆体，以填充石头之间缝隙，同时让石头表面有水泥浆体包裹。 4. 窑脸修复： 　按照原来材料、工艺重砌，恢复原来风格。 5. 窑顶防水处理： 　杂草清除后，适当填土，覆盖水泥瓦，有组织排水。
重点示范内容	1. D级危窑的加固修复技术； 2. 喷射混凝土加固技术； 3. 边腿修复与加固技术

4.9　案例-9砖土混杂结构

案例-9砖土混杂结构加固前照片如图4-9、图4-10所示。

图4-32　案例-9砖土混杂结构民居加固前照片(室外)

图 4-33　案例-9 砖土混杂结构民居加固前照片(室内)

4.9.1　房屋安全性鉴定

农村房屋安全鉴定表 表 4-19

1. 基本资料				
户　　主	张正军		建造年代	1995 年
地　　点	甘肃省临洮县太石镇三益村		设防烈度	7 度(0.15g)
结构形式	砖土混杂结构		建筑民居	约 85m²
层　　数	单层		开　　间	5 间
墙　　体	前墙：砖；后墙：土坯；山墙：土坯；内横墙：土坯			
屋面类型	单坡；木屋架(抬梁式)；瓦屋面			

2. 鉴定依据

(1)《临洮县农村住房危险性鉴定技术指南》(2015 版)
(2)《农村住房危险性鉴定标准》(JGJ/T 363—2014)
(3)《镇(乡)村建筑抗震技术规程》(JGJ 161—2008)
(4)《农村危房改造抗震安全基本要求(试行)》(建村〔2011〕115 号)
(5)《建筑抗震鉴定标准》(GB 50023—2009)
(6)《危险房屋鉴定标准》(JGJ 125—2016)

3. 鉴定目的

(1)根据危险点的数量和位置,对房屋在使用阶段的安全性进行评价;
(2)根据有无必要的抗震构造措施,对房屋的抗震性能进行评价;
(3)根据鉴定结果,对房屋的加固与维修提出建议

4. 鉴定结论

(1)危险性等级：C 级,局部危险;
(2)抗震性能：不满足要求

续表

5. 建议

（1）对墙体开裂、剥落部位进行修复；对房屋四角、梁下部位进行补强。
（2）加强土墙与砖墙的连接，及屋面与墙体的连接，提高房屋整体抗震性能

6. 安全性现场检测

检测项目		检测内容及规范要求	现场检测结果	结论
地基基础		有无基础/基础形式	有/毛石基础	符合
		是否存在不均匀沉降	未发现明显沉降	符合
墙体	承重土坯墙	是否出现多处裂缝/裂缝宽度/裂缝长度（宽度是否超过5mm，单条长度是否超过1.5m）	表面有细微裂缝	符合
		草泥保护层是否剥落/剥落面积	无	符合
		墙体根部有无碱蚀（硝化）/程度（碱蚀深度是否超过100mm）	无	符合
		墙体有无明显倾斜或歪闪（最大位移是否超过50mm）	无	符合
	承重砖墙	是否出现多处裂缝/裂缝宽度/裂缝长度（宽度是否超过3mm，单条长度是否超过1.5m）	无	符合
		墙体根部有无严重碱蚀（硝化）/程度（碱蚀深度是否超过50mm）	无	符合
		墙体有无明显倾斜或歪闪（最大位移是否超过50mm）	无	符合
	四角砖柱与纵横墙交接部位	四角砖柱有无明显倾斜/砖柱与土墙之间有无明显裂缝或脱开/纵横墙交接部位是否明显松动或开裂	四角砖柱没有倾斜/纵横墙交接部位有松动迹象	不符合
屋架	抬梁式屋架	材质是否完好（虫蛀、腐朽、老化等）	局部部位有腐朽、泛白现象	不符合
		木材天然缺陷是否有干缩裂缝（干缩裂缝宽度是否大于5mm，裂缝深度是否超过木材直径1/4	沿木梁纵向有轻微干缩裂缝	符合
		有无明显挠曲（是否大于$l/200$，l为木梁跨度）	无	符合
		木梁端部或支撑部位有无明显移动、转动	无	符合
屋盖	椽子	材质是否完好（虫蛀、腐朽、老化等）	无	符合
		有无明显挠曲（大于椽跨的1/100），并引起屋面明显变形	无	符合
	望板或竹席	有无明显腐朽、老化，或断裂	局部有腐朽、老化	不符合
	瓦片与草泥层	瓦片有无碎裂和缺失；屋面有无渗水现象；坐泥挂瓦的坡屋面，坐泥厚度不宜大于100mm	小青瓦基本完好	符合

续表

门窗	门窗	门窗有无严重变形，开启是否正常	门窗开启正常，无明显变形	符合

7. 抗震构造措施现场检测

检测内容及规范要求	现场检测结果	结论
（1）房屋是否为砖-土混合承重	是	不符合
（2）是否有上下圈梁及构造柱	否	不符合
（3）承重横墙间距是否超过 4.5m	是	不符合
（4）窗间墙宽度是否小于 1m	是	不符合

4.9.2　房屋三维测绘图

房屋三维测绘图如图 4-34～图 4-36 所示。

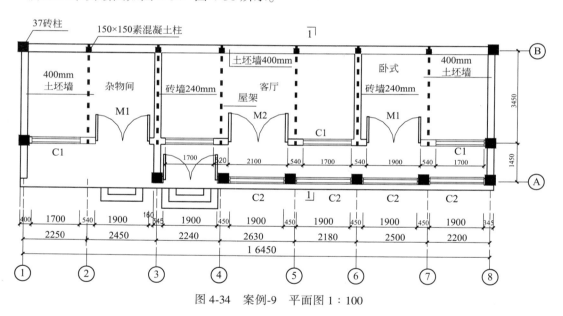

图 4-34　案例-9　平面图 1∶100

4.9.3　房屋具体加固措施

（1）加固范围

我们的加固范围在其主要使用房屋，即张正军家的正房。主要使用房屋是日常生活中大部分时间在该房屋活动，要求房屋有较好的安全性。

（2）加固对象

对张正军家房屋加固，其加固对象主要在纵横墙体、木屋架、砌体砂浆等主要结构构件。

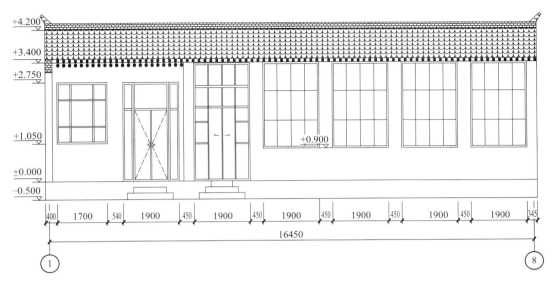

图 4-35 案例-9 立面图 1：100

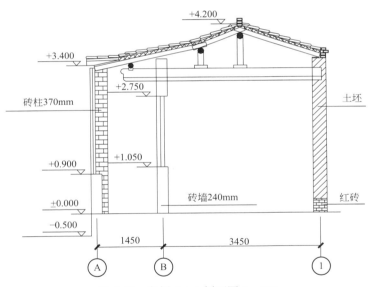

图 4-36 案例-9 1-1 剖面图 1：100

（3）加固内容

1）墙体加固

① 墙体加固主要是双面配筋砂浆带加固。

② 水泥砂浆强度等级不应小于 M10。

③ 配筋砂浆带厚度宜为 50mm，横向配筋砂浆带高度为 200mm；竖向砂浆带高度 250mm，在隔墙所对应外墙处宽度应超出隔墙边 200mm，以方便与内墙砂浆带拉结。钢筋外保护层厚度宜为 10mm，钢筋网片与墙面的空隙宜为 5mm。

④ 单面刻槽配筋砂浆带和配筋砂浆带的钢筋带应采用锚固拉结筋与墙体拉结，拉结筋用植筋胶锚固于墙体内；双面刻槽配筋砂浆带的双面钢筋带应采用穿墙筋拉结；穿墙筋拉结可采用 $\phi6$ 钢筋，锚固拉结筋采用 $\phi6$ 钢筋。

2）基础地基加固

地基无不均匀沉降，在基础周围做散水，在墙体上做 500mm 高水泥砂浆墙裙。

3）墙面修复

将原土墙破坏部位进行局部修复，整个墙面进行草泥抹面，抹面前要对墙体进行洒水湿润，麦草最好是粉碎机粉碎过的麦草。

（4）修复内容

对有腐朽部分的木屋架和椽子，加固后刷漆或刷木材硬化剂，对破坏的墙面进行修复。

（5）主要加固材料

主要用于加固的材料：砂浆（水泥、砂子、水、水玻璃和白灰等）、钢筋、细铁丝、焊条、扁铁、扒钉、卡箍、铁钉、木材、木材表面硬化剂、建筑石膏、高级发泡剂、环氧树脂、水玻璃、有机硅（防水材料）、麦草（用粉碎机粉碎过的麦草或麦糠）。

（6）主要施工机具

主要用于施工的机具：电钻、切割机、断线钳剪刀、砂浆搅拌机、喷水壶、铁錾子、老虎钳、电焊机、铁铲、钢筋钩子、料桶、瓦刀、抹泥刀、抹子、螺丝刀等。

4.9.4　房屋加固示意图

房屋加固示意图如图 4-37~图 4-48 所示。

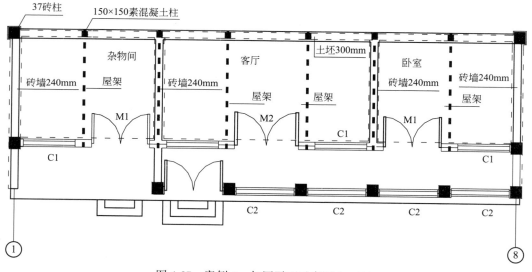

图 4-37　案例-9　加固平面示意图 1∶100

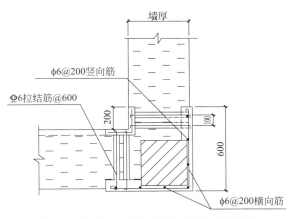

图 4-38 案例-9 纵、横强双面加固阳角处

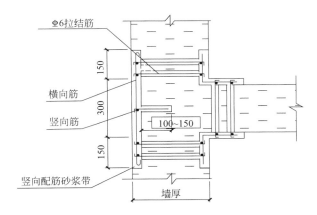

图 4-39 案例-9 纵、横墙交接处双面加固

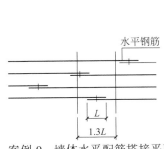

图 4-40 案例-9 墙体水平配筋搭接平面示意图
注：图中所示同一连接区段内的搭接接头钢筋为两根，
当钢筋直径相同时，钢筋搭接接头面积百分率为50%。
L 为受力钢筋的搭接长度。

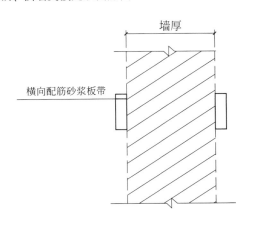

图 4-41 案例-9 外纵墙双面加固

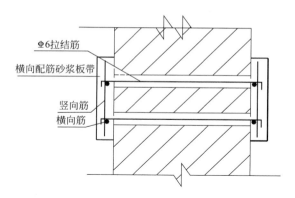

图 4-42　案例-9　双侧配筋砂浆带详图

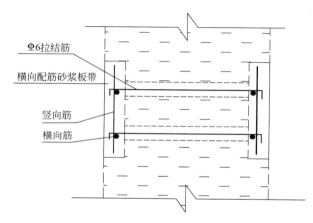

图 4-43　案例-9　配筋砂浆带详图

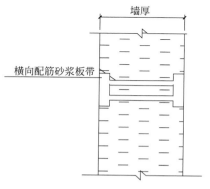

图 4-44　案例-9　外纵墙双面加固

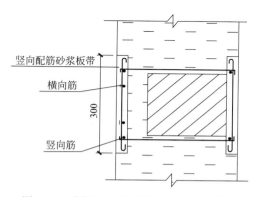

图 4-45　案例-9　屋架下砖柱处加固详图

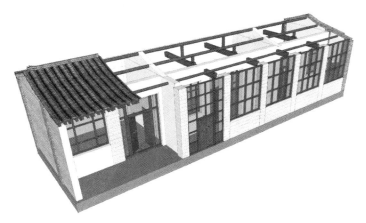

图 4-46 案例-9 房屋现状三维模型示意图

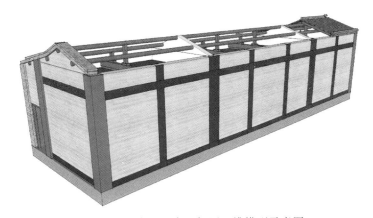

图 4-47 案例-9 房屋加固三维模型示意图

4.9.5 施工组织与材料工程量

（1）施工组织

施工组织可分不同工作面同时进行。在人员充足的情况下，分刻槽加固、屋架加固和渠道修复三个工作面可同时进行，可最大程度缩短施工工期。

施工中在同一工作面又可以流水作业，加快施工速度。比如：刻槽加固时，刻槽和对槽内进行修复、墙体打孔和钢筋绑扎可流水作业，当刻槽加固一段之后空出工作面，我们即可安排人员进行随后处理槽内修复处理、墙体打孔。以便于不耽误下面的槽内抹砂浆。

（2）人员组织

人员组织安排应按当时人员数量和工种进行安排，以便充分有效地完成工作量。下面我就在人员和工种充足情况下的安排做一个简单组织人员安排。

开始分三个工作面，刻槽加固、屋架加固和渠道修复同时进行。刻槽加固需要 4 人作业，屋架加固需要 1 人作业，渠道修复需要 2 人作业。

1）刻槽加固需要 4 人作业，人员组织上面又是流水的，前面 1 人刻槽，槽内清洁和修复

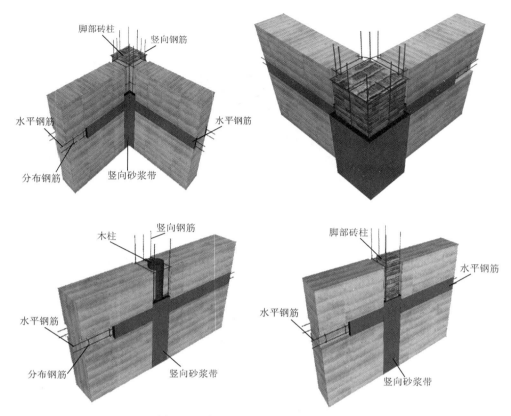

图 4-48　案例-9　节点三维模型示意图

1 人随后，墙体打孔 1 人紧接，还有 1 人配合协作其他三人工作，提高工作效率。

2）屋架加固需要 1 人作业。因为工作量少，1 人即可处理各种工作，完成工作后即可协助刻槽加固。

3）渠道修复需要 2 人作业。1 人主要施工，辅助配合 1 人。

（3）施工机具

主要用于施工的机具：

1）切割机（切瓷片用切割机）；

2）电钻（长直麻花钻：8.5×300 两根，8.5×450 两根）；

3）断线钳剪刀（用于剪断钢筋：数量 2 把）；

4）小型电焊机（用于焊接钢筋接头等：数量 1~2 台）；

5）砂浆搅拌机（用于搅拌砂浆：数量 1~2 台）；

6）喷水壶（用于墙面洒水等：数量 1~2 台）；

7）铁刷子（用于处理灰缝和局部墙体刻槽：数量 2 个）；

8）铁錾子（扁铲）（用于墙体刻槽：数量 2 个）；

9）铁铲（用于搅拌灰浆或辅助运送灰浆：数量 4~6 把）；

10）钢筋钩子和扎丝（用于钢筋节点绑扎：数量 3~4 把）；

11）料桶（用于转运砂浆和泥浆等；数量5~6个）；

12）瓦刀（用于砌砖等辅助作用；数量3~4把）；

13）抹泥刀（用于墙面修复时候抹泥浆等；数量3~4把）；

14）抹子（用于刻槽内抹砂浆；数量3~4把）；

15）螺丝刀（用于加固屋架和使用螺丝等处；数量2把）；

16）虎钳（用于加固屋架和局部绑扎等；数量2把）。

（4）材料工程量预算

主要用于加固的材料：砂浆（水泥、砂子、水、水玻璃和白灰等）、钢筋、细铁丝、焊条、扁铁、扒钉、卡箍、铁钉、木材、木材表面硬化剂、建筑石膏、高级发泡剂、环氧树脂、水玻璃、有机硅（防水材料）、麦草（用粉碎机粉碎过的麦草或麦糠）。

1）砂浆（强度 M10/水泥、砂子、水玻璃等）：用于刻槽砂浆配筋带和散水等。

2）钢筋（一级钢 直径6mm）：用于配筋砂浆带。

3）细铁丝：用于钢筋节点绑扎等。

4）扁铁：用于屋架节点加固和屋架与木柱节点加固等。

5）扒钉：用于屋架节点和屋架与檩条、檩条之间加固等。

6）卡箍：用于屋架或木托梁干缩裂缝加固。

7）铁钉：用于局部辅助加固。

8）焊条：用于钢筋节点焊接等。

9）木材：用于木构件替换和维修加固等。

10）木材表面硬化剂：用于木材局部强化修复。

11）建筑石膏：用于加固土墙裂缝较大处。

12）高级发泡剂：用于墙体裂缝较大处喷注填充。

13）环氧树脂：用于修复木材干缩裂缝。

14）水玻璃：用于砂浆，草泥添加剂，增加其强度。

15）有机硅（防水材料）：用于土墙面刷面，起防水作用。

16）麦草（用粉碎机粉碎过的麦草或麦糠）：用于泥浆添加剂。

（5）材料及费用清单

材料及费用清单 表 4-20

序号	材料	所需用量	单价	所需费用（元）
1	水泥	1.2t	320 元/t	400
2	砂子	2m³	150 元/m³	300
3	水	1m³	50 元/m³	50
4	钢筋	0.24t	3000 元/t	720
5	木材	0.5m³	400 元/m³	200
6	焊条	2盒	20 元/盒	40
7	扁铁	5m	5 元/m	25
8	扒钉	60个	1 元/个	60

序号	材料	所需用量	单价	所需费用(元)
9	卡箍	16 个	5 元/个	80
10	铁丝	5kg	5 元/kg	25
11	木材表面硬化剂	1kg	20 元/kg	20
12	膨胀螺丝	50 个	1 元/个	50
13	环氧树脂	4kg	15 元/kg	60
14	水玻璃	40kg	1 元/kg	40
15	总计		2070 元	

4.9.6 房屋加固中与加固后效果

房屋加固中与加固后效果如图 4-49、图 4-50 所示。

图 4-49 案例-9 房屋加固中

图 4-50 案例-9 房屋加固后